U0156093

行\知\茶\文\化\丛\书

寻味普洱茶

马哲峰 邹东春 著

中州古籍出版社
·郑州·

图书在版编目（CIP）数据

寻味普洱茶 ／ 马哲峰，邹东春著． —郑州：中州古籍
出版社，2021.12
　（行知茶文化丛书）
　ISBN 978－7－5348－9999－7

　Ⅰ．①寻… Ⅱ．①马… ②邹… Ⅲ．①普洱茶－茶文化
Ⅳ．①TS971.21

中国版本图书馆CIP数据核字(2021)第276176号

XUNWEI PU'ER CHA

寻味普洱茶

丛书策划：韩　　朝
责任编辑：岳　阳　崔李仙
责任校对：唐志辉
装帧设计：赵启航

出版发行：中州古籍出版社
　　　　　地址：郑州市郑东新区祥盛街27号6层
　　　　　电话：0371-65788693
经　　销：河南省新华书店发行集团有限公司
承印单位：洛阳和众印刷有限公司
开　　本：710mm×1000mm　16开
印　　张：19.5
字　　数：199千字
版　　次：2021年12月第1版
印　　次：2021年12月第1次印刷
定　　价：68.00元

《行知茶文化丛书》编委会

主任：马哲峰

委员（以姓氏笔画为序）：

于巾涵　马　琼　马博峰　王小莉

许　婧　李　静　杨晓茜　邹东春

张　辰　张　梦　秦　爽　聂素娥

黄莹莹　曹　丽　曹含露　崔梵音

鲁　剑　路亚珂　魏菲菲

总　序

知行合一，习茶之道

郭孟良

　　好友马君哲峰，擅于言更敏于行，中原茶界活动家也。近年来创办行知茶文化讲习所，致力于中华茶文化的教育传播。他一方面坚持海内访茶、习茶之旅，积累实践经验，提升专业素养，并以生花妙笔形诸文字，发表于纸媒或网络，与师友交流互鉴；另一方面在不断精化所内培训的同时，走进机关、学校、社区、企业，面向公众举办一系列茶文化专题讲座，甚得好评。今整理其云南访茶二十二记，编为《普洱寻茶记》，作为"行知茶文化丛书"的首卷，将付剞劂，用广其传，邀余为序。屡辞不获，乃不揣浅陋，以"知行合一，习茶之道"为题，略陈管见，附于卷端，以为共勉。

　　知行合一，乃我国传统哲学的核心范畴，所讨论的原是道德知识与道德践履的关系。《尚书·说命》即有"非知之艰，行之惟艰"的说法。宋代道学家于知行观多所探索，朱子集其大成，提出了知行相须、知先行后、行重于知等观点。至明代中叶，阳明心学炽盛，以良知为德性本体、致良知为修养方法、知行合一为实践工夫、经世致用为为学旨归，从而成就知行合一学说。以个人浅见，知行合一可以作为茶人习茶之道，亦可以作为"行知茶文化丛书"的理论支撑，想必也是哲峰创办行知茶文化讲习所的初衷。

知行本体，习茶之基。知行关系可以从两个层面来理解，一般来说，知是一个主观性、人的内在心理的范畴，行则是主观见之于客观、人的外在行为的范畴；而就本体意义上说，二者是相互联系、相互包含、不可割裂为二、也不能分别先后的，"知之真切笃实处即是行，行之明觉精察处即是知"。茶文化的突出特征是跨学科、开放型，具有综合效应、交叉效应和横向效应，既以农学中惟一一个以单种作物命名的二级学科茶学为基础，更涉及文化学、历史学、经济学、社会学、民俗学、文艺学、哲学等相关学科，堪称多学科协同的知识枢纽，故而对茶人的知识结构要求甚高。同时，茶文化具有很强的实践性特征，表现为技术化、仪式化、艺术化，需要学而时习、日用常行、著实践履。因此，茶文化的修习必须坚持知行本体，以求知为力行，于力行中致知，其深层意蕴远非简单的"读万卷书行万里路"所可涵盖。

知行工夫，习茶之道。阳明先生的知行合一既是一个本体概念，更是"一个工夫""不可分作两事"。这与齐格蒙特·鲍曼"作为实践的文化"颇有异曲同工之妙。一方面，"知是行的主意，行是知的工夫""真知即所以为行，不行不足以谓之知"，作为主观的致知与客观的力行融合并存于人的每一个心理、生理活动之中，方可知行并进；另一方面，"知是行之始，行是知之成"，亦知亦行、且行且知是一个动态的过程。茶文化的修习亦当作如是观，博学之，也是力行不怠之功，笃行之，只是学之不已之意；阅读茶典、精研茶技是知行工夫，寻茶访学、切磋茶艺何尝不是知行工夫；只有工夫到家，方可深入堂奥。从现代意义上说，就是理论与实践相统一。

人文化成，习茶之旨。阳明晚年把良知和致良知纳入知行范畴，"充拓""至极""实行"，提升到格致诚正修齐治平的高度。茶虽至细之物，却寓莫大之用，成为中华优秀传统文化的重要载体，人类文明互鉴和国际交流的元素与媒介。在民族伟大复兴、信息文明发轫、文化消费升级的背景下，茶文化的修习与传播，当以良知笃行为本，聚焦时代课题、家国情怀、国际视野，以茶惠民，清心正道，以文化成，和合天下，为中华民族共同体和人类命运共同体的构建发挥其应有之义。

基于上述认识，丛书以"行知"命名，并非强调行在知前，而是在知行合一的前提下倡导力行实践的精神。作为一个开放性的丛书，我们希望哲峰君的寻茶、讲茶之作接二连三，同时更欢迎学界博学、审问、慎思、明辨的真知之作，期待业界实践、实操、实用、实战的笃行之作，至于与时俱进、守正开新的精品杰构、高峰之作，当寄望于天下茶人即知即行，共襄盛举，选精集粹，众志成城，共同致力于复兴中华茶文化、振兴中国茶产业，以不辜负这个伟大的新时代。

戊戌春分于郑州

郭孟良，历史文化学者，茶文化专家，出版有《中国茶史》《中国茶典》《游心清茗：闲品〈茶经〉》等著作。

序 言

探秘古今茶事，寻味普洱茶韵

蒋文中

　　怀着极大的兴趣，一口气读完了马哲峰老师、邹东春先生写的《寻味普洱茶》书稿，意犹未尽，又重读一遍。这本《寻味普洱茶》是马哲峰继行知茶文化丛书《普洱寻茶记》《普洱六山记》之后又一部颇具普洱茶人文色彩之美的佳作。

　　我是 2009 年在郑州茶博会上认识马哲峰老师的，之后每年他带学生到云南，我们都会相约见面。我对他们在郑州创办了行知茶文化讲习所，以知行合一的方式传播茶文化深为赞同，更为他们在办学中，除研读大量茶书外，还倡导秉承先贤王阳明知行合一之道，读万卷书、行万里路，走遍中国所有茶山的治学精神所感佩。我时常关注他们的活动，并为他们所取得的每一项茶文化教学和调研成果而欣慰。

　　从 2002 年至今，马哲峰老师每年皆亲自带队，以研修加游学的模式，多次行走于全国各大茶区游历访茶，持之以恒地践行大教育家陶行知先生的教育理念。马老师除在行知茶文化讲习所教学授课、著书立说外，还发起茶文化进高校公益讲座，先后到河南多家高等院校为师生开展公益讲座，推动高校增设茶艺课程，身体力行为高校学子讲授茶文化，并先后在中原 18 座城市开展以"我的普洱美学主义"为主题的大型巡回公益演讲，向人们宣讲普洱美学主义。他以自己的不懈努力，探索出一个中国茶文化社会教育模式。正是这些难能可贵的做法，使马哲峰成为在全国茶文化研究领域的知名学者，在 2014 年荣膺河南十大文化先锋人物。

马哲峰虽不是云南人，但他最向往云南的壮美茶山。他带领学生们在全国各大茶区游历访茶，遍尝天下名茶，记述了各地茶区山水人文地理和茶人故事，其中云南茶山是他们到得最多最远，也是马哲峰笔下所写所记最多的地方。紧接《普洱寻茶记》，2020 年他刚出版了广受读者好评的《普洱六山记》，之后又以饱含浓情写就这本《寻味普洱茶》，可见云南是他和他的每一批学员最重要的茶山游学目的地，他把文章及著述中的众多之"最"留在了云南普洱寻茶中。这给他的教学和著述增添了不少亮丽的色彩，也让云南与普洱茶相生的奇山异水和多彩的民族风情在一个中原学者笔下不断得到展现。

是的，近二十多年以来，伴随普洱茶的崛起，云南独有的乔木大叶种茶和茶马古道、六大茶山等古茶山古树茶重又成为人们追逐的热点，每年都有数以万计的茶友前往云南古茶山寻源问茶。茶作为世界上备受称赞、最具影响力的植物之一，其在云南边疆民族地区社会经济发展史上的作用与影响十分深远。茶如大地和人生的史诗，世界上没有哪个地方的茶有云南茶之古老，没有哪一个地域像云南有如此众多的民族围绕着茶相依共融，也没有哪一条路如茶马古道般可以唤起人们对这片高原大地如诗的吟诵！历史悠久的古茶山古茶树和普洱茶不仅是云南，也是中国和全世界共同拥有的一笔宝贵的绿色生态的自然和文化遗产。

马哲峰老师在深入茶区发掘普洱茶的历史文化及美学价值中，不仅找到了人与自然、人与人、人与社会那些本源的素材，而且在知行合一中形成了自己的治学风格。在这部《寻味普洱茶》里，马哲峰老师从史学、社会学和人类学等多种角度进行研究叙述。上半部"史话篇"，他从史学的角度，以《云南通志》《普洱府志》《思茅厅志》等清代古籍文献为佐证，以散落在六大茶山地面上的碑刻为线索，描绘出从清宫皇帝到地方大员、文豪儒士，从茶山头人到茶农、商贩等形形色色的众生相，读之有如穿越时空。更有严谨的史学考证，特别是碑碣寻找和铭文考校，还包括大量实地考察、口述访谈，这些是十分不易、难能可贵的，增添了本书的学术价值。下半部"茶王篇"，马哲峰、邹东春两位作者从社会学和人类学的角度，将深入云南西双版纳新、古六大茶山，寻访各地茶王树及茶王树主人的亲身经历，以散文的笔法娓娓道来，使读者犹如身临其境，跟随作者一起拜谒了一株株珍贵的古茶树，一道走进了普洱茶乡的现实生活之中。作者并不做主观的评论，让读者直接去感受那些真实的人文存在。作者把对普洱茶全部的爱毫无保留地倾注在了对普洱茶文化的深度挖掘和解读上，让读者从一个个耐人寻味的有据可依的故事中，透过云南云蒸霞蔚的广阔茶山，走进那有着厚重民族历史文化的人文普洱的美丽神秘之境。

好茶出自好人手，好的茶书同样出自爱茶人之手。该书最大的特点是作者凭着对普洱茶文化多年的研究，不带个人主观色彩，以平和流畅的文句记录普洱茶的人和事，在遍历民族茶文化的实践之旅中获得真实的感悟。透过作者那沉静而带有思索意味的记述，可感受到书中有一种如茶般包容的气质，让人在平和的心绪中去读出味道、读出心境和感悟。作为茶人和普洱茶文化学者，作者以谦和真实的态度，通过对很多将人生融铸在茶事中的淳朴茶人、茶农的描述，去让更多的人了解茶、认识茶，发现生活之美。

马哲峰老师常谦虚地引用清代袁枚的诗句："苔花如米小，也学牡丹开。"郑州行知茶文化讲习所十多年来以自己的微薄之力，坚持不懈、一如既往地传播茶文化，其声名与影响早已如洛阳牡丹，传芳千里。愿马老师和他的同仁、学生们在知行合一的治学之路上继续挖掘和传播中华茶文化，在茶香浸润中去写出更多更美的作品，如同普洱茶经得起时间的推敲一样，用心、用岁月去酿造属于人世间的那份清芬，在如茶般的"和、静、怡、真"里去寻觅、书写更多的人与自然、人与人、人与社会之间的和谐与美，也由此推动中国茶走向更好的未来。

2021 年 10 月 10 日于昆明

蒋文中，云南省社会科学院研究员，云南财经大学教授、博士生导师，云南民族茶文化研究会学术委员会主任，"中国陆羽奖首届国际十大杰出贡献茶人"。三十余年来始终致力于云南地方史、民族文化、茶史和茶马古道研究，编写出版有《云南民族文化探源》《中国普洱茶》《古茶乡韵》《茶马古道研究》《云茶大典》《中华普洱茶文化百科》等著作。

目录

目录

史话篇

普洱茶：大历史的小注脚

寻味普洱茶

倚邦老街遗存的石雕

普洱茶的背后，是人与茶的故事。它是帝王将相的珍赏之物，它是文人雅士的案头清供，它是商贾巨子的财富源泉，它是夷民百姓的衣食所系。茶的命运就是人的命运的写照，芸芸众生将自身的命运交付于茶，在人生的舞台上书写出一幕幕悲欢离合，最终又无声地湮没在历史的长河里。

信史所记普洱茶之名始见于范承勋监修，吴自肃、丁炜主编，成书于康熙三十年（1691）的《云南通志》，其书载："普耳茶，出普耳山，性温味香，异于他产。"此际的车里宣慰司尚在元江府治下。又见于康熙五十三年（1714）章履成《元江府志》，其书载："普洱茶，出普洱山，性温味香，异于他产。"两部志书对于普洱茶的记载如出一辙。

根据《康熙朝汉文朱批奏折汇编》中所记，康熙五十五年（1716），云南开化镇总兵阎光炜曾"进普洱茶四十圆，孔雀翅四十副，女儿茶八篓，巨藤子二袋"。就目前已知文献记载来看，就是这个云南地方武官无意中开了进贡普洱茶之先河。

康熙六十一年（1722），世宗即位，云贵总督高其倬在其《筹酌鲁魁善后疏》中奏称："井盐挨日收课，商茶按驮抽银。"由此可见，早在康熙年间，已经有商人以身犯险深入茶山收购贩运普洱茶。

康熙年间，只是拉开了普洱茶热潮的序幕，真正属于普洱茶的时代，从雍正年间开启。

普洱茶的产地车里宣慰司，属于傣族统领下的土司政权治下，本质上属于国中之国，与大一统的中央王朝集权制相抵牾。雍正五年（1727），以莽枝茶山头人麻布朋事件为导火索，最终引发改土归流设立普洱府。同年，普洱茶正式开启了进贡的历史。历史是由胜利者书写的。雍正七年（1729）由鄂尔泰奉命纂辑，靖道谟总纂，成书于乾隆元年（1736）的《云南通志》载曰："（普洱府）茶，产攸乐、革登、倚邦、莽枝、蛮嵩、慢撒六茶山，而倚邦、蛮嵩者味较胜。"在改土归流设立普洱府的过程中，鄂尔泰与雍正皇帝之间有多份奏折与批复，收录在中国第一历史档案馆编《雍正朝汉文朱批奏折汇编》一书中。正是通过这种第一手珍贵的档案资料，我们得以获知事件的来龙去脉。品味着属臣上贡的普洱茶的雍正皇帝，不独对于六大茶山耳熟能详，就连架布、慢林、央列、蛮嵩、慢拱、慢丫等寨名也是知晓的。历史已经在此埋下了普洱茶名山名寨的伏笔。

受命于雍正皇帝的云南官吏中，不乏鄂尔泰、高其倬、尹继善、张允随、陈宏谋等青史留名的能臣廉吏，亦有恶名昭著的佟世荫、李宗应等贪官污吏，还有倚邦土司曹当斋、易武土司伍乍虎等地方土官，他们都在普洱茶史上留下了或浓或淡的痕迹。

让人无法忽视的是茶山上的小人物们：留下姓名抑或是不知姓名的夷民百姓，来自江西和云南省内石屏等地的客商。正是他们筚路蓝缕，开创了普洱茶的时代。

普洱茶在雍正年间奠定了基业，在乾隆年间走向辉煌，同时却又埋下了深重的危机。

普洱市石屏会馆

围绕普洱茶产地车里宣慰司的主导权，乾隆三十年(1765)至乾隆三十四年(1769)，清廷与缅甸之间爆发了多次战争，双方都付出了惨重的代价，最后以议和告终。

乾隆五十八年（1793），英使马戛尔尼访华，在乾隆皇帝的授意下，最终中英双方未能就建交、通商达成任何协议。

无论是对缅，抑或是对英，普洱茶都在无意中成为见证大历史事件的小注脚，最终让大清帝国连同它的臣民一起品尝到了苦果。

乾隆皇帝在世的时候，清朝仍然是繁华似锦的盛世景象。乾隆皇帝精于品茶鉴水，尝赋诗赞誉普洱："独有普洱号刚坚，清标未足夸雀舌。"

乾隆年间留存下来的文物古迹，让我们得以窥见那个时代的风貌。倚邦茶山的怞夷碑让我们了解时任云贵总督张允随的茶政。倚邦茶山敕封曹当斋夫妇昭信校尉安人碑使我们获悉地方土司的功绩。蛮砖会馆功德碑、漫撒新建石屏会馆碑、漫撒寄户临时执照碑，碑文描摹出石屏客商的众生相，他们或开山植茶，或制茶贩茶，以同乡为商帮，以信仰为纽带，以文化为桥梁，凝聚众人的力量，不断夯实商业根基，拓展商业版图。通过解读宁洱县江西会馆留存的碑刻，思茅万寿宫遗存的碑刻，江西客商的商帮成员、商业模式、文化形态、宗教信仰、宗族观念、世俗生活等诸多方面渐次清晰起来。

乾隆年间，普洱茶名重于天下。随着康雍乾盛世的终结，嘉庆、道光年间，普洱茶迎来命运的转折。

嘉庆皇帝对普洱茶十分钟爱。中国第一历史档案馆藏《宫中杂件》记载：不独嘉庆皇帝自己享用普洱茶，皇后、皇太后亦每日饮用。普洱茶还被用来祭祀上供。有时皇帝还赏赐亲王、郡王、阿哥、画师、侍卫等吃普洱茶。

富纲在乾隆、嘉庆朝均曾任云贵总督，曾向朝廷进贡普洱茶。嘉庆三年（1798），富纲因贪污索贿的行为暴露，最终被嘉庆皇帝下旨处决。

在普洱府治所在地宁洱县的江西会馆中留存有嘉庆年间的碑刻，它印证了嘉庆年间江西商人仍然活跃于此。莽枝茶山上，遗存有嘉庆年间的碑刻，来自江西、湖南、云南等地的商贾那时曾云集于此。即使身处王朝命运由盛转衰的时代，客商们仍然在兢兢业业地从事商业活动，并且创立了对后世影响深远的茶号。嘉庆初年，倚邦已有庆昌茶号、瑞祥茶号、盛丰茶号等；嘉庆四年（1799）开设有恒盛茶号；嘉庆五年（1800），顺昌号、杨兆兴茶号开张。

道光朝，清帝国陷入了内外交困、四面楚歌的境地。鸦片战争失败，清政府签订丧权辱国的《南京条约》，道光皇帝应负主要历史责任。家国命运风雨飘摇之际，鲜少见到道光皇帝与普洱茶的记载，或许他品尝到的更多的是茶的苦涩吧！

道光朝受任为云贵总督的阮元，位高权重，学问淹博。由阮元、尹里布监修，王崧、李诚主纂，成书于道光十五年（1835）的《云南通志》，关于普洱茶事的记载颇多。阮元之子阮福的一篇《普洱茶记》，对普洱茶详述备尽，孤篇横绝，成为普洱史上的经典文献。父子二人情感甚笃，烹瀹普洱，诗文咏记，尽享天伦之乐。

道光三十年（1850）李熙龄纂《普洱府志》，书中约略记述了普洱府各级流官、大小土司。道光年间留存在倚邦茶山上的保全碑，易武茶文化博物馆藏的永安桥碑、断案碑、二比执照碑，碑文中记述了官、民、商等各色人等的事迹。将史志与碑文相互佐证，如同一个万花筒，得以窥见一个时代的众生相。

不独在史志中可以看到石屏会馆、江西会馆、临安会馆、陕西会馆、盱江会馆，倚邦、蛮砖、易武茶山上遗存的碑刻及账册中亦有各地客商的事迹。道光三年（1823）陈利贞茶号开业,嶍峨熊盛弘、秦佩信两号迁倚邦。道光二十五年（1845）盛行瘟疫,倚邦恒盛号与倚邦陈利贞、架布陈慕荣同行各归故里。

易武茶文化博物馆

咸丰朝,清帝国大厦摇摇欲坠,国家和民族遭受到了深重的灾难。英法联军侵入北京,圆明园被焚掠,清廷被迫签订丧权辱国的《北京条约》《瑷珲条约》,割地赔款。太平天国兴起,战火波及十几个省,历时14年之久,清朝元气大伤,动摇了统治根基。云南省内,以杜文秀为首的大理政权,自咸丰六年（1856）占领大理至同治十三年（1874）在腾越最后失败,共经历18载,战火几乎波及全滇。车里、倚邦、易武等地夷民百姓为避战祸,大量迁往他乡。

咸丰十一年（1861）"辛酉政变"后，两宫太后垂帘听政，慈禧太后因掌控同治、光绪两代皇帝而成为朝廷权力的中心达48年之久。这段时间，普洱茶史被打上了慈禧太后的深刻烙印。

同治年间，处于内外社会动荡的缓冲期。同治四年（1865），乾利贞号茶庄建立。同治六年（1867），宋寅号茶庄创建。同治七年（1868），同昌号、宋聘号茶庄创立。

光绪年间，在对外关系上，中法战争后，清廷被迫签订《中法新约》；甲午中日战争后，又被迫签订《马关条约》。光绪二十一年（1895），法国逼迫清廷把普洱府属勐乌、乌德割让给法国，划入老挝界内。朝廷内部，戊戌变法失败，光绪皇帝成了"囚帝"。

据《宫中杂件》记载：光绪三年（1877）四月新收到的普洱茶延续着以往八色贡茶的规制：团茶五种，按形态大小区分为大茶、中茶、小茶、女儿茶与珠茶；散茶两种，分别是芽茶、蕊茶；普洱茶膏一种。历数清代各朝的普洱贡茶，种类大致相同，数量有所起伏，名称略有变动。此时的光绪尚处在少年时期，普洱茶已经融入了他的日常生活。同样来自《宫中杂件》的记述："光绪二十六年二月初一日起至二十八年二月初一日止，皇上用普洱茶每日用一两五钱，一个月共用二斤十三两，一年共用普洱茶三十六斤九两。"此时的光绪已经处于没有人身自由的"囚帝"生活状态。从日用普洱茶的供应来看，其帝王生活待遇犹存，喝茶极有可能属于慰藉他苦闷生活的方式之一。

据金易、沈义羚《宫女谈往录》记述："老太后进屋坐在条山炕的东边。敬茶的先敬上一杯普洱茶。老太后年事高了，正在冬季里，又刚吃完油腻，所以要喝普洱茶，图它又暖又能解油腻。"作为帝国掌舵人的慈禧太后，她在品味普洱茶的时候，想必有着与光绪皇帝完全不同的心境。

万秀锋等著《清代贡茶研究》评述："现存的普洱茶最晚不过光绪年间，距今一百多年，至多不会超过一百五十年。"据此来看，调拨自北京故宫博物院，现今在普洱市博物馆展出的普洱贡茶，理应是光绪年间的藏品。展出的普洱茶除了隶属八色贡茶之列的团茶外，还有笋壳包装的一整筒方茶。调拨给杭州中国茶叶博物馆的一片向质卿方茶，被作为镇馆之宝。公开的信息显示，故宫博物院还典藏有普洱圆茶、普洱茶膏。由此可见，直到光绪朝，云南还在向清廷上贡普洱茶。一种是原有官办渠道的八色贡茶，另一种是官督民办的方茶、圆茶。

光绪二十六年（1900）陈宗海纂《普洱府志》，记述了众多的涉茶人物、事件。光绪年间遗存在倚邦茶山的止价碑以及其他留存的文史资料堪可佐证。赖茶为生的夷民百姓生存环境恶劣，采茶时会遭遇老虎袭击。外出贩茶谋生，抑或受雇于绅商，亦难免遭逢意外，人财两空。家国命运艰难悲惨的时代背景下，芸芸众生的境遇令人悲悯。

世事多艰，谋生不易，创业更难。光绪四年（1878），元昌号茶庄创建。光绪十年（1884）前后，同庆号茶庄创建。光绪十八年（1892），安乐号茶庄创立。光绪二十年（1894），宋庆号茶庄创建。约在光绪二十三年（1897），同兴号茶庄创立。光绪二十六年（1900），车顺号茶庄创建。光绪三十一年（1905）前后，元泰丰茶庄创立。

历史的车轮滚滚向前，封建帝制走向了终结。宣统冲龄登极，成为大清末帝。宣统元年（1909），礼部要求停贡三年；辛亥年，清王朝灭亡，普洱贡茶自此成为绝响。溥仪在回顾清宫生活时说："夏喝龙井，冬喝普洱，拥有普洱茶是皇室地位的标志。"普洱在清代成为贡茶，名重于天下；随着王朝的覆亡，共和代替帝制，民主代替专制，普洱茶进入平民百姓的生活，焕发出新的生命力，走向更为广阔的天地，迎来真正属于普洱茶的时代！

景洪风貌

[史话篇]

莽枝茶山头人
麻布朋的故事

牛滚塘大街

庚子冬月，与邹东春先生相约赴莽枝茶山寻源问茶。这个时节的茶山，正值一年当中最悠闲的时光。既往奔赴茶山，都是赶在茶季，我们的眼里心里就只有茶。随着年深日久，转而对茶山的历史愈发着迷。那些曾经在茶山上留下印迹的人物，他们的故事代代流传。

清晨的茶山，推窗可见云海。沐浴在冬日和煦的阳光下，在牛滚塘大街上信步游走，不知不觉间，又一次来到了大青树下。这棵枝繁叶茂的大树，历经数百年岁月洗礼，见证了茶山上无数次的血雨腥风，站在树下能隐约感觉到一种肃杀之气。传说中引发改土归流设立普洱府的事件就发生在莽枝山，事件的开端，要从莽枝茶山头人麻布朋说起。那是一个曲折而悲凉的故事。

故事的缘起之一是一段私情。雍正初年，莽枝山茶业兴旺，茶商云集至此，寄宿于茶户家里。一位江西籍客商与麻布朋之妻暗通款曲，麻布朋杀江西籍客商，割其发辫传示诸商。诸商以"被盗劫杀"为由报官，并诬称劫杀是受橄榄坝土目刀正彦指使的。事件导致了麻布朋、刀正彦一方的茶山民众与张应宗、邱名扬一方的清朝官军之间的武装冲突。事件结果以隔年麻布朋、刀正彦被捕后解省城处死，澜沧江以东六大茶山及橄榄坝等六版纳土司地改土归流设立普洱府收场。上述记载出自乾隆二年（1737）倪蜕著《滇云历年传》，后被阮元、尹里布监修，王崧、李诚主纂，成书于道光十五年（1835）的《云南通志》收录。又被道光三十年（1850）

李熙龄编纂的《普洱府志》与光绪二十六年（1900）陈宗海编纂的《普洱府志》沿用下来。随着当世普洱茶的再度兴盛，既往的这段历史重现于世。由此，民间便有了"先有牛滚塘，后有普洱府"的说法。

　　事件起因是江西籍客商与麻布朋之妻的私情引发的情杀，在今人看来未免令人惊异，只有还诸当时的时代背景下，才能够理解时人的行径。封建时代礼法严苛，国中之国的土司亦有着自己的法律。彼时尚且处在车里宣慰司治下，傣族统治者为维护其统治，制定有一整套法律法规，以规范社会行为。原本是傣文史籍记录的法律条文被翻译成汉语收录在《西双版纳自治州州志》中，使得现在的人能够一窥究竟。举凡涉及对侮辱妇女行为的处罚规定，多从实际情形出发。比如同样是袭胸的行为，隔着衣服摸他人妻子的乳房罚款多，若从衣服内摸罚的少，因为这种情况有可能是女方同意的。认定强奸与否的条款规定，领有夫之妇下箐通奸罚款多，因为可能是强奸；若领上山坡通奸罚的少，因为可能是女方自愿。对通奸男女双方的惩处，无论官员还是百姓，若到人家内房与有夫之妇通奸，被其亲夫亲手或请人将奸夫奸妇当场杀死，无罪，不予追究。由此可知，处于土司治下的麻布朋杀江西籍客商，符合法律规定，有其内在合理性。站在江西籍汉族客商的立场，改换成遵从清政府的法规，当如何惩处呢？按照《大清律例》的规定：凡妻妾与人通奸，而（本夫）于奸所亲获奸夫、奸妇，登时杀死者勿论。诸商以"被盗劫杀"

为由报官或可作为侧面的印证。

　　故事的缘起之二是商民放贷导致的纷争。引发改土归流设立普洱府的麻布朋事件还有着另外一个版本的故事。故事见载于雍正《云南通志》。此书于雍正七年（1729）由鄂尔泰奉命纂辑，靖道谟总纂，成书于乾隆元年（1736）。书中对麻布朋事件的记述极为简略：莽枝茶山麻布朋、橄榄坝舍目刀正彦为叛，官军进剿，二人先后被擒获，叛乱被平定。为了详细了解麻布朋事件的前因后果，我们查阅了中国第一历史档案馆编《雍正朝汉文朱批奏折汇编》。据张珊博士统计，书中收录雍正时期的鄂尔泰奏折合计463件，其中涉及麻布朋事件的奏折主要有5件。通过反复阅读这些奏折上的内容，得以窥见另外一番不同的历史事件面貌。雍正五年（1727），一个叫沙比的人因砍伤某客商的脚被追捕，事件指向麻布朋与克者老二两个首领率人劫杀客商。官军抓获众案犯审问，获知遇害者有来自省外江西、湖广与省内迤西、大理、景东、石屏等地的人员。迤西赶马的王姓客商被杀，得青马一匹、紫马一匹、茶十一驮、鞍子十一副。在追剿案犯的过程中，宣慰使刀金宝被要求协同剿抚。刀金宝一方面替案犯辩护，声称茶商众客以"重利滚砌民人"导致麻布朋等肆行劫杀，另一方面委派属下土目刀正彦与官军会商相机剿抚。刀正彦稽迟不前且遣人督领窝泥焚烧倚邦各寨，被认定是事件幕后主使。茶山民众与清朝官军之间的冲突越演越烈。经过激战，官军荡平攸乐、莽枝、橄榄坝诸寨。被官府认定为叛乱者，或被斩杀枭首示众，或被抓获关押，或投降官军。被认定为首犯的麻布朋、克者老二，以及幕后主使刀正彦，连同其一家老小统统被抓获，八十余犯解省发审，其结局不言而喻。

复盘整个事件，缘起指向茶商众客以重利滚砌茶民，通俗来讲就是商人与茶民之间因为放贷引发的冲突乃至于仇杀。这一推断有现实的佐证。事实上，直到乾隆十二年（1747），云贵总督张允随颁布的茶政仍明文指出："乃有奸商人等，网利垄断，每欺夷民愚蠢，乘急放借，多方滚算。迨至收茶，百计盈取，不顾茶户亏本……""不许放借，短扣滚算。""倘奸商等仍敢滚放盘剥，刻即严拿。"这些内容被倚邦土司曹当斋刻在石碑上。石碑至今仍然保存在倚邦贡茶历史博物馆中。有清一代，茶商重债剥民的行为在茶山仍有延续，并未根除。

无论哪种版本，麻布朋事件通盘都是一场悲剧，外来的众多客商遇害，麻布朋、刀正彦等一众人被杀，清朝官军亦有死伤。受害最深重的莫过于茶山百姓：村寨被烧毁，百姓伤亡惨重，处于流离失所、衣食无着的悲惨境地。一个看似不起眼的微小事件，最终却引发了一连串的冲突，事件各方均遭受损害。我们禁不住要反问，这个事件有可能避免吗？想要回答这个问题，需要回顾一下当时的时代背景。

雍正五年（1727）十一月至雍正六年（1728）六月间，云贵总督鄂尔泰与雍正皇帝之间的 5 件奏折及批复，为我们复盘麻布朋事件提供了极其珍贵的一手资料。在云贵总督鄂尔泰看来，生活在六大茶山地面上的夷民"入则凭采茶为生计，出则凭剽掠为活计"；事件首犯"麻布朋、克者老二二人，原系窝泥渠魁，率同众凶劫杀行人"；事件主使橄榄坝土目刀正彦"横行边境，号令群贼劫害商民，始欲计图宣慰，后致杀伤官兵，总因逼近外域，素通诸彝，故积恶频年，无敢过问，若此贼不除，车里终难控制"；车里宣慰使刀金宝"不能约束"，负有领导不力的责任。从夷民百姓、茶山头人到橄榄坝土目与车里宣慰使，上上下下成了系统性问题。鄂尔泰认为车里宣慰司逼近外国，六大茶山向系久叛之区，而六茶山之最大者莫如攸乐一山。解决之道唯有剿抚并用，"不论江内江外，其逼近外国应示羁縻之地，仍着落车里土司以备藩篱，凡应安营设汛并可建立州县之处，一一斟酌妥确，以为一劳永逸之举，庶滇省边彝可永无后患"。

在鄂尔泰规划的云南边疆大计中，核心就在于通过剿抚并用将各土司地方纳入大一统的封建集权统治之下。车里宣慰司只是其中一环，而麻布朋事件恰巧成为导火索。这一事件的爆发表面上看有着偶然性，究其内因来看则属必然。身处时代变革的洪流当中，芸芸众生的命运往往身不由己。麻布朋事件从一开始就注定了悲凉的结局。

鄂尔泰在奏折中称莽枝麻布朋、克者老二二人为"窝泥渠魁"，在茶山语境下称其为莽枝"夷民头人"更为贴切。在鄂尔泰的奏折中，名字中带有"布朋"字样的不乏其人，有糟鼻子布朋，也有老幼窝泥封布朋、尚布朋，还有慢五布朋两名阿臭、阿成。由此，不由得产生了一个有趣的猜想，麻布朋会不会是一个满脸麻子的狠人呢？

　　鄂尔泰奏折中反复出现"六大茶山""六茶山"的字样，攸乐、倚邦、莽枝与蛮砖等山名多次出现，也不乏今人耳熟能详的架布、慢林、央列、蛮嵩、慢拱、慢丫、细腰子等寨名，还有橄榄坝、孟养、勐仑、猛旺、普藤、思茅等为人熟知的地名。由此可见，其时或者更早，各版纳、茶山与村寨的格局已现，只是在汉文记载中出现较晚而已。

　　种种迹象表明，以麻布朋事件为分水岭，六大茶山外来客商的云集之地发生了转移，重心从先前的莽枝茶山转向之后的倚邦茶山。麻布朋事件中，鄂尔泰在奏折中虽然提及有土兵参与平定叛乱，但是尚未发现后来的倚邦土司曹当斋、

莽枝山三省大庙遗址

莽枝山三省大庙功德碑

易武土司伍乍虎的名字，他们的事迹书写出的是另外一番传奇。

庚子冬月，离开莽枝茶山回到景洪市，晚上与丁俊先生相约茶叙。在告庄的茶店中，与唐旺春不期而遇。不同于往日他在茶山上的一身基诺族装扮，眼前的他身着中式服装，脚穿布鞋，让人差点儿没认出来。说起来也很有意思，东北大哥丁俊娶了莽枝茶山的媳妇落脚到了茶山上，唐旺春舍弃了城市的工作回到了出生地革登茶山。古往今来，牛滚塘都是莽枝、革登两座茶山的中心，丁俊、唐旺春又都是各自所在茶山上对传统文化极为热心之人，没少为恢复祭祀茶祖孔明等文化活动出力，时常津津乐道于茶山上的典故与传说。趁着大家兴味高涨，我再次央求丁俊大哥讲述麻布朋的故事。在民间传说中，那是一段充满了爱恨情仇的传奇。

夜晚的告庄，游人如织，这里满足了无数远道而来的游人对西双版纳的全部想象，闪烁迷离的灯光营造出一种如梦似幻的景象，让人难以分清过往与当下、传说与现实之间的界限，只有将那诉说不尽的往事，都付笑谈中。

[史话篇]

云贵广西总督鄂尔泰与普洱茶的故事

云南省茶文化博物馆

己亥年春天，云南茶山行程结束，我们返程回到昆明，相约前往云南省茶文化博物馆参观。在昆明最热闹的商业街区正义坊，有一座清代建筑风格的宅院，这个闹中取静的去处就是云南省茶文化博物馆。馆内设有茶史馆、普洱馆、茶器馆与非遗传习馆。馆内悬挂的一个云南省级非物质文化遗产普洱茶传统制作技艺牌匾引起了我们的注意。见我们如此感兴趣，曾丽云馆长热忱地邀请我们一起茶叙，述说普洱茶的前尘往事。经曾馆长介绍，我们得知云南省茶文化博物馆的前身曾经是云贵广西总督鄂尔泰的府邸。闲话鄂尔泰与普洱茶的史迹，品味着六大茶山的普洱茶，令人思绪万千，仿佛又回到了过往烽火连天的时代。

鄂尔泰（1677—1745），字毅庵，西林觉罗氏，满洲镶蓝旗人。为官历经康、雍、乾三朝，入仕之初并非官运亨通。尽管在康熙三十八年（1699）就已中举，却在康熙朝仕途不顺，因此他才在《咏怀》诗中感慨道："看来四十犹如此，便到百年已可知。"待雍正帝即位后，终于时来运转。雍正元年（1723），充云南乡试考官，特擢江苏布政使。三年（1725），奉旨入京陛见，升为广西巡抚。同年，调云南巡抚，管云贵总督事务。四年（1726），实授云贵总督，加兵部尚书衔。六年（1728），改任云南、贵州、广西三省总督，次年加少保衔。十年（1732），授保和殿大学士，兼任兵部尚书，办理军机事务。十一年（1733），充《八旗通志》总裁，兼署吏部。十二年（1734），署镶黄旗满洲都统。乾隆十年（1745）

卒，谥文端。鄂尔泰既是清代名臣之一，也是最受雍正帝宠爱的大臣之一。鄂尔泰既是雍正时期改土归流的提议者，也是执行者，并且执行时间前后长达 6 年。被鄂尔泰实施改土归流的 13.5 家土司中，车里宣慰司所辖地区只有澜沧江以东的版纳部分被改流，所以算作半家。对车里宣慰司剿抚并用、恩威并施的施政纲领，新设普洱府并保留土司的做法，对后世普洱茶与六大茶山名遍天下功莫大焉，但同时又埋下了冲突与战乱的祸根。

一切要从雍正五年（1727）四月麻布朋事件说起。莽枝茶山头人以劫杀行商的罪名被官军缉捕，事件的缘由说法不一，有麻布朋之妻与江西客商的桃色事件导致情杀之说，亦有外来客商重债剥民的利益纠葛导致仇杀之说。代表清政府的鄂尔泰方，代表土司的刀金宝、刀正彦方，麻布朋带领下的茶山夷民，遭遇劫杀的外来行商，各自的立场不同，导致事件不断升级。麻布朋被视作首恶，刀正彦被认定为主使，嗣后两人先后被清政府官军擒获，不仅双双并案论死，还累及家小、亲朋、乡党一众人等。橄榄坝土目刀正彦的属下复起反抗，经过多次交战，直至雍正六年（1728）十一月，官军克取橄榄坝、九龙江。整个事件也被称作"橄榄坝之变"，其间夷民伤亡无数，茶山被荡平，村寨被烧毁，百姓流离失所，衣食无着，沦落到极其悲惨的境地。

中国第一历史档案馆编《雍正朝汉文朱批奏折汇编》收录的鄂尔泰与雍正皇帝之间的多份奏折及批复，为我们了解事件详情提供了第一手珍贵资料。倘若我们将其放在整个雍正朝的时代背景下，便不难看清楚这只是鄂尔泰实施的众多改土归流过程中的事件之一。"麻布朋事件"也好，"橄榄坝之变"也罢，都只是历史变革风口下的小插曲而已。

雍正皇帝与鄂尔泰之间君臣相洽，鄂尔泰在为政、为官、为事等方面，都竭尽所能力求不负皇帝的期望。其在雍正六年（1728）二月初十日向皇帝上呈的奏折，可视作其本人所作的《出师表》，现摘录其中一段如下：

> 臣自受事滇黔，见废弛已久，猝难振拔，每接见僚属，必恺切圣主推诚布公、仁育义正之至意，以各动其良心，言之感痛，臣每涕流，而闻者亦多半泣下。故自年余以来，有司渐知奋勉，将士亦多能用命。然边疆大概虽幸粗安，而求所以谋远久者，臣尚无一可信。今屡荷圣恩，复赏给世袭阿达哈哈番，又复加二级，扪心自问，寝食难安。现在孟养、攸乐、橄榄坝、九龙江等处各将皆已深入。臣必欲将六茶山千余里地尽行查勘，安设营防。已嘱提臣郝玉麟亲往相度，臣详细与之审商，务期将各巢穴尽行搜遍，将各要隘尽行查明。不论江内江外，其逼近外国应示羁縻之地，仍着落车里土司以备藩篱。凡应安营设汛并可建立州县之处，一一斟酌妥确，以为一劳永逸之举。庶滇省边彝可永无后患，而臣职稍尽，臣心稍安。

对自己所倚重的大臣，雍正皇帝从不吝以溢美之词。在批复鄂尔泰的奏折中，雍正皇帝给予其极高的评价。现摘录如下：

凡卿所办之事，朕实至无一言可谕矣。在廷诸臣，朕皆与观之，人人心悦诚服，贺朕之福，庆国家得人而已。朕亦唯以手加额，感上苍、圣祖赐朕之贤良辅佐耳。卿如此居心行事，不但得卿一人之力，劝勉属员，得通省文武官员之力，实凡见闻臣工亦莫不奋励，国家得力处多矣。大臣习尚一整，我朝之福不可限量矣。卿功实大，凡封疆大臣能保名禄者，即为上上人物矣。不但孰能如此，而孰肯如此也。此人情分明眼前者，天祖自然照察，朕之庆悦之怀，实难笔谕，勉之一字，朕皆不忍书矣。嘉之一字，实亦有负卿之心也。特谕，钦此。

雍正六年（1728）三月二十八日，鄂尔泰呈雍正帝的奏折中，报明擒获刀正彦后的下一步想法："首恶既擒，群彝向顺。而刀正彦所辖各地方延袤数千里。江内六茶山地方，如倚邦、攸乐之属，以及孟养、九龙江、橄榄坝等处，俱属要地，延袤千有余里。险峻处固多，肥饶处亦不少。且产茶之外，盐井、厂务皆可整理，乘此划定界限，建立城垣，安设文武，既可固边疆之藩篱，并可成遐荒之乐土。"

雍正六年(1728）六月十二日，鄂尔泰在呈给雍正帝的奏折中，已经提出了以剿抚并用、恩威并施的方略对车里宣慰司的施政构想。即以澜沧江以东六版纳土司地改土归流设立普洱府，在普洱设府，在思茅设同知，在橄榄坝设知州，并安排官兵驻守。新设府地，并非易事，要统筹考虑成本及收益。"其田土肥饶，其人民蕃庶，现据造查已不下数万户口，而银厂、盐井少加调剂即足充俸饷，及此安官设营以图久远。"而安设官兵，则需统筹云南各地，重新部署分配。并拟将安设文武官员人选一并上奏。从其属下官员之后的调动与升迁来看，鄂尔泰总体上可算是知人善任，但也有差池，比如经其举荐的首任普洱府知府佟世荫，就在历史上留下了恶名，那是后话。

或许是刀正彦被擒后，其属下复起反抗。雍正《云南通志》中收录有鄂尔泰《请添设普洱流官营制疏》，比之先前的奏折，鄂尔泰提升了对"狡诈犷悍、反复靡常"的夷民的管控力度。"应将思茅、普藤、整董、猛乌、六大茶山及橄榄坝六版纳归流管辖，其余江外六版纳仍隶宣慰司经管。"具体措施表现为将原议拟设橄榄坝知州调整为在攸乐设同知，并提升了驻守官兵的层级和规模，强化了军事力量。

在鄂尔泰向雍正皇帝所进麻布朋事件奏折中，反复提及六大茶山、六茶山，六山中的攸乐、莽枝、倚邦、蛮砖等反复出现。由此足可认定君臣二人对六大茶山已经耳熟能详。相关的佐证还见于雍正《云南通志》，书中"物产·普洱府"载曰："茶，产攸乐、革登、倚邦、莽枝、蛮嵩、慢撒六茶山，而倚邦、蛮嵩者味较胜。"

鄂尔泰《请添设普洱流官营制疏》中有关于茶的条文，可以视作鄂尔泰为普洱府制定的茶政纲领。现将其摘录如下：

从前贩茶奸商，重债剥民，各山垄断，以致夷民情急操戈。查六茶山产茶，每年约六七千驮，即于适中之地设立总店买卖交易，不许客人上山，永可杜绝衅端。客商买茶，每驮酌纳茶税银三钱，令通判管理，试行一年之后，征税若干，定额报部。

乾隆二年（1737），倪蜕所撰《滇云历年传》对鄂尔泰的茶政详加记载，并进一步作出评述：

（雍正七年，己酉）总督鄂尔泰奏设总茶店于思茅，以通判司其事。六大山产茶，向系商民在彼地坐放收发，各贩于普洱上纳税课转行，由来久矣。至是，以商民盘剥生事，议设总茶店以笼其利权。于是通判朱绣上议，将新旧商民悉行驱逐，逗留复入者俱枷责押回。其茶，令茶户尽数运至总店，领给价值，私相买卖者罪之。稽查严密，民甚难堪。又商贩先价后茶，通融得济。官民交易，缓急不通。且茶山之于思茅，自数十里至千余里不止。近者且有交收守候之苦，人役使费繁多。轻戥重秤，又所难免。然则百斤之价，得半而止矣。若夫远户，经月往来，小货零星无几，加以如前弊孔，能不空手而归？小民生生之计，只有此茶。不以为资，又以为累。何况文官责之以贡茶，武官挟之以生息，则截其根，赭其山，是亦事之出于莫可如何者也。

上述两文中的记述，也从侧面佐证了麻布朋事件的起因是商人重债剥民。鄂尔泰接受属下建议的做法是将商民分离，这并不是孤立的行为，其在贵州苗疆也实施过苗汉分离的政策。按照鄂尔泰的规划，这个茶政试行一年以观后效。从实际的情形来看，似乎在不久之后就废弃了。乾隆六年（1741）正月，蛮砖会馆落成后的功德碑记可资佐证。其石碑至今依然保存在蛮砖茶山曼庄大寨丰敬堂家中。据碑文所记，捐建蛮砖会馆的总人数当在 200 人以上，时任倚邦土千总曹当斋位列捐资人的首位。碑文上的序言出自赐进士第户科掌印给事中罗凤彩之手。巧合的是，雍正元年（1723），鄂尔泰充云南乡试考官，中式之人就有罗凤彩。鄂尔泰慧眼识才选中了罗凤彩，而罗凤彩一篇文采斐然的《蛮砖会馆功德碑记》序文宣告了鄂尔泰茶政的失败，历史往往就是如此出人意料。

鄂尔泰呈送给雍正帝的奏折中，不乏对皇帝赏赐之物的恭谢折。雍正五年（1727），御赐之物中有小种茶十二瓶；雍正六年（1728），御赐之物中有贡茶四瓶；雍正七年(1729)，御赐之物中有六安茶二瓶。接到赏赐后，鄂尔泰在总督署设香案望阙叩头领受。皇帝通过赏赐属臣茶叶等物品以示恩宠，联络了君臣之间的情谊。

庚子冬月，相约邹东春先生共赴普洱市寻源问茶。漫步在这座滇南小城的街头，忍不住回顾脚下这片土地的厚重历史。雍正七年（1729），改土归流设立普洱府，六大茶山等地被划入思茅厅的治下，自此开启了普洱茶名遍天下的光辉历程。

参观普洱市博物馆，无数次驻足在镇馆之宝普洱贡茶的

大普茶（普洱市博物馆展品）

女儿茶（普洱市博物馆展品）

展示台前。五斤重的大普茶，也被百姓称为人头贡茶。四两重的团茶，又名女儿茶。每次看到它们，就会忍不住联想起六大茶山土地上的故事。

与普洱贡茶一同展示的还有雍正七年（1729）八月六日云南巡抚沈廷正的贡茶进单。沈廷正向雍正帝进贡普洱茶，有着尽忠与展示功绩的双重意味。不同于署任总督鄂尔泰得到的殊荣，雍正帝在给鄂尔泰奏折的批复中透露出对沈廷正的真实评价："中才俗汉，现今抚臣中为第一劣者。不得其人，奈何、奈何？如魏廷珍、张坦麟、石麟、沈廷正等皆非封疆才也。只能将就，取其一长耳。"

雍正九年（1731）鄂尔泰离滇赴京之前，署任云南巡抚张允随先是代士民官兵向皇帝进呈奏折挽留，而后又带领士民欢送鄂尔泰启程进京。普洱市博物馆展示的还有雍正十二年（1734）云南巡抚张允随的贡茶进单。经由鄂尔泰改土归流设立普洱府后开启的普洱茶进贡事项，继续书写着未尽的传奇。

雍正皇帝与普洱茶的故事

[史话篇]

寻味普洱茶

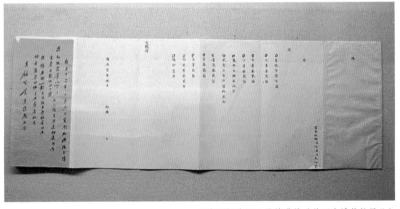

云南巡抚沈廷正贡茶进单（普洱市博物馆展品）

有清一代，普洱茶名遍天下，京师尤重之。回溯其源，肇始于雍正朝商民爱恨纠葛导致的恩怨情仇和利益纷争引发的战乱冲突。芸芸众生的命运被卷入到激荡的时代潮流中，书写出无数个或慷慨激昂或悲凉婉转的动人故事，借由普洱茶铺陈开来。

清雍正帝爱新觉罗·胤禛，生于康熙十七年（1678），驾崩于雍正十三年（1735），庙号世宗，谥号宪皇帝，四十五岁登极，在位十三年，享年五十八岁。雍正帝在位期间，改土归流设立普洱府，普洱成为瑞贡天朝的贡茶，开启了普洱茶的光辉岁月。

康熙三年（1664），元江府治下分置普洱通判，管辖车里宣慰司。普洱茶之名见诸史籍记载始于范承勋监修，吴自肃、丁炜主编，成书于康熙三十年（1691）的《云南通志》，其书载曰："普耳茶，出普耳山，性温味香，异于他产。""莽支山、茶山，二山在城西北普洱界，俱产普茶。"康熙六十一年（1722），世宗即位，擢高其倬为云贵总督。高其倬在《筹酌鲁魁善后疏》中奏称："云南历来野贼头目，平时皆居元江新平之间，若一经生事，官兵剿捕，则遁入威远土州及普洱茶山等处。盖因素系伊等瓜分讨保之地，夷民岁岁纳银如同租户。甚至井盐挨日收课，商茶按驮抽银。客贾猓民任其指使，供给食米，传报声信。官兵所向，贼已早知消息，贼众所潜，官兵难得踪迹，所以查拿不易，剿捕颇难。"从中不难看出，早在康熙年间已经有茶商以身犯险深入茶山收购贩运普洱茶。问题的根源在于茶山为土司的辖地，普洱通判鞭长莫及，流寇成为威胁流官政权的祸患。

雍正年间，云南边疆问题进入皇帝的视野。土司有事则远通外国，无事则为腹患，汉民、夷人均受其戕害。在雍正帝锐意进行改土归流的意志主导下，鄂尔泰厉行改土归流大计。雍正五年（1727），外来客商因重债剥民或淫人妻子引发麻布朋事件。在鄂尔泰进呈雍正的奏折中，我们看到事件中遇害的有省外、省内的贩茶客商。由此，鄂尔泰划澜沧江以东六版纳土司地设立普洱府，澜沧江以西仍归车里宣慰司管辖，但却从此埋下了祸端。在鄂尔泰的规划中，原本要在橄榄坝设知州，后改为在攸乐设同知，思茅设通判，普洱设知府。雍正八年（1730），云南巡抚张允随题请修筑普洱府城、思茅城与攸乐城。

改土归流设立普洱府后，由于流官政权的残酷倾轧，官民之间冲突不断。雍正十一年（1733），云南提督蔡成贵向雍正进呈的奏折中提到"倚邦土弁当斋、易武土弁乍虎等率众杀贼随师效力"。署任总督尹继善《筹酌普思元新善后事宜疏》修订施政纲领：将孤悬瘴地的攸乐同知裁撤，改思茅通判为同知，增设宁洱知县。除易武土弁伍乍虎无容另议外，令土弁曹当斋管理倚邦茶山。攸乐山三十六寨中，听从宣慰使刀绍文及各土弁公保，叭竜抚管理窝泥寨，喇鲊匾管理蒲蛮寨。以土目管土人，以流官管土目。提请改造普洱府城为石城，加固思茅土城。

从高其倬奏报云南边疆祸患缘由，到鄂尔泰改土归流设立普洱府，再到尹继善进行善后，普洱府的流官政权格局甫定，普洱府治下有宁洱县、思茅厅，名义上归属于车里宣慰司管辖的十三版纳，实则主导权被分置于思茅厅治下者八，宁洱县治下者五。改土归流设立普洱府的过程中，鄂尔泰频繁地向雍正皇帝进呈奏折，其中反复出现有"六茶山""六大茶山"的字样，雍正对此应该是耳熟能详的。虽然鄂尔泰的奏折里不乏粉饰之词，六大茶山对于思茅厅、普洱府乃至云南省的重要性都是不言而喻的——因其既具备百姓赖以为生的产业地位，又兼具向皇帝进贡的重大职责。

改土归流设立普洱府后，鄂尔泰所制定的茶政过于严苛。重债剥民的茶商被驱逐出茶山，文武官员的盘剥更甚，以茶为生的百姓生计艰难。尹继善痛陈"官员贩卖私茶，兵役入山扰累之弊宜严定处分也"，令思茅文武互相稽查，严参治罪，"庶官员兵役不敢夺夷人之利，而穷黎得以安生矣"。其用心良苦，然而成效可疑。云南布政使陈宏谋《禁压买官茶告谕》《再禁办茶官弊檄》两文中，不法官役借名多买、短价压送、扰累夷方的情形层出不穷。不独文武衙门各官抽丰白取，甚至商贾买茶也冒指官茶，致使茶山成为苦海，夷民百姓苦难深重。

居庙堂之高的雍正皇帝，不独可以享受到臣下进贡的普洱茶，且对六大茶山耳熟能详。雍正七年（1729）八月六日，云南巡抚沈廷正向朝廷进贡茶叶，其中包括"大普茶二箱，中普茶二箱，小普茶二箱，普儿茶二箱，芽茶二箱，茶膏二箱，雨前普茶二匣"。现今，云南省普洱市博物馆展品中就有沈廷正的贡茶进单。即便沈廷正力图逢迎雍正皇帝，也没有改变雍正对其评价不高的看法。在给鄂尔泰进呈的奏折批复中，雍正指出沈廷正之流皆非封疆之才，只能将就，取其一长。

普洱市博物馆展示的文物中，还有雍正十二年（1734）云南巡抚张允随的贡茶进单："普茶蕊一百瓶，普芽茶一百瓶，普茶膏一百匣，大普茶一百元，中普茶一百元，小普茶一百元，女儿茶一千元，蕊珠茶一千元。"张允随虽不若鄂尔泰般受雍正优宠，但也颇受信任，属于称职的封疆大吏。

将沈廷正、张允随贡茶进单与雍正朝之后的贡茶档案对比可知，贡茶的种类、形制自雍正朝已经基本确立，大普茶、中普茶、小普茶、女儿茶与蕊珠茶合计五种紧团茶，蕊茶、芽茶合计两种散茶，普洱茶膏一种，总计三类八种名色，即后世所称的八色贡茶。

雍正朝沈廷正、张允随等大员进贡的普洱茶由何处而来呢？云南布政使陈宏谋《禁压买官茶告谕》《再禁办茶官弊檄》两文中给出了线索。每年贡茶，动用公款，交由思茅通判办理，按照时价采买。实际上，短价多买，派夫压送，乃至于白取强派不胜枚举。办茶之地方官或迫于势力，或瞻顾情面，更有数倍官茶呈送文武各官，并兼办箱匣锡瓶等项。"此中垫赔苦累，势必仍出于茶"。这些沉重的负担，最终都转嫁到了夷民百姓身上。

有趣的是，每年承办的贡茶虽然职系重大，但对品质尚无严格的要求。可以用上年买存之茶拣选供用，加上当年补买的新茶，凑够数量一并上贡。而盛装贡茶的箱匣锡瓶，都可以与贡茶进单对得上。可见，从贡茶的种类到包装已经成为规制，每年进贡成为常例。

陈宏谋文中称贡茶的承办人员，是思茅通判。就已有的奏折资料来看，曹当斋、伍乍虎是在雍正十一年（1733）率领土兵随军效力后崭露头角的。雍正十三年（1735），曹当斋等被授予职衔，之后曹当斋成为贡茶采办官，伍乍虎成为贡茶协办官。至于攸乐山，行政上归属于橄榄坝土司管辖，在承办贡茶时受倚邦土司节制。

雍正皇帝时常会通过赏赐臣属物品以示恩宠，鄂尔泰任云南督抚期间，获赐的物品中就有贡茶、小种茶与六安茶。鄂尔泰会郊迎赏赐之物，回署后设香案望阙叩拜。进呈雍正皇帝的奏折中，鄂尔泰都署以云南总督，而非云贵广西总督，并以"臣尔泰"落款，显示出鄂尔泰不以身居要职为傲，为人处世小心谨慎的属臣特点。

雍正朝时期，出任云贵总督的高其倬、鄂尔泰、尹继善，职任云南巡抚的张允随，获任云南布政使的陈宏谋等人，既是雍正皇帝信任的大臣，亦是正史中评价颇高的名臣、廉吏。雍正帝展现的雄才大略与众臣属的锐意执行，使车里宣慰司被纳入普洱府治下，六大茶山名闻天下，普洱茶伴随王朝的命运起伏律动，开启了新时代的帷幕。

雍正《云南通志》载："（普洱府）茶，产攸乐、革登、倚邦、莽枝、蛮嵩、慢撒六茶山，而倚邦、蛮嵩者味较胜。"寥寥数语的背后，芸芸众生的命运湮没在岁月深处。

《大清会典事例》："雍正十三年，提准云南商贩茶，系每七圆为一筒，重四十九两，征收税银一分；每百斤给一引，应以茶三十二筒为一引，每引收税银三钱二分。于十三年为始，颁给茶引三千，饬发各商行销办课，作为定额，造册题销。"单独列项的茶税意味着其受到了更多的关注，曾经在历史记载中面貌模糊的茶商们，随着普洱茶不断崛起，即将迎来辉煌的时代。

三年前的夏天，我们专程前往北京，到故宫博物院参观。头顶着炎炎烈日，漫步在这个旧日的皇家宫阙里，曾经庄严肃穆的皇宫，如今成了游人如织的景区，皇帝专享的龙椅成了对外展出的文物。我们忍不住会猜想，无意中开创了普洱茶时代的雍正皇帝，到底还有多少与普洱茶有关的故事，等待着后人去追寻。

在距离北京千里之外的云南省普洱市博物馆展出的普洱贡茶中，有一个形态较大，被安放在一个底座上，底座上刻有"百濮龙团"的字样，对应的应该是贡茶中的大普茶，民间也称其为"人头贡茶"，其中向皇帝效忠的意味不言而喻。在雍正皇帝的身后，那些秉承他意志的臣属们，又走向各自不同的命运，书写出新的故事与传奇。

[史话篇]

云贵总督张允随
与普洱茶的故事

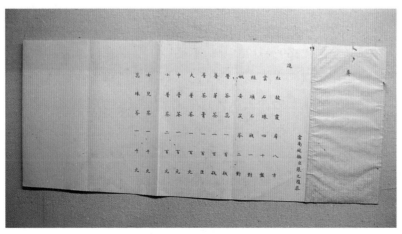

云南巡抚张允随贡茶进单（普洱市博物馆展品）

庚子冬月，与邹东春先生相约，一道从西双版纳州前往普洱市访茶。驱车沿昆磨高速一路北上，穿越西双版纳国家级自然保护区，道路两旁尽是连绵不绝的热带雨林。从两地交接之处开始，映入眼帘的皆是绵延不绝的茶山，青翠的茶园中樱花盛开，旖旎的风光令人心旷神怡。穿越时光，借由普洱茶，两地的政治、经济与文化被连接在一起，在历史上留下了许多动人的故事。

　　每次到访普洱市，必定前往普洱市博物馆参观。在普洱市博物馆典藏的众多文物当中，最吸引我们的自然是普洱茶。其中有三种茶品最为引人瞩目，团形的大普茶、女儿茶与笋壳包装的一整筒方茶，都还带有故宫博物院的标签，表明了它们贡茶的高贵身份。随同展出的还有雍正七年（1729）云南巡抚沈廷正以及而后接任云南巡抚的张允随的贡茶进单。张允随任云南督抚20载，很有可能是进贡普洱茶时间最长、次数最多的官员。由此引人遐想，在张允随与普洱茶之间，到底有着怎样不为人知的故事呢？

　　张允随（1692—1751），字觐臣，号时斋，谥号文和，隶汉军镶黄旗，祖籍山东蓬莱，是清代政绩卓著的一员封疆大吏。一生共历59个春秋，为官37载，其中32年在滇为官。一步步擢升至一省最高官员，任职督抚20载，与普洱茶有着不解之缘。

　　张允随出生于康熙三十一年（1692），生逢盛世。最初入赀为光禄寺典簿，康熙五十三年（1714）被授为江南宁国府同知，康熙五十七年（1718）升授云南楚雄知府，自此开始其在云南的官宦生涯，时年27岁。此际，已经埋下了他与普洱茶结缘的伏笔。

康熙年间，文献典籍中零星出现关于普洱茶的记述。如康熙十六年（1677）刘源长《茶史》："云南普洱茶，真者奇品也，人亦不易得。"康熙二十六年（1687）徐炯《使滇杂记》："元江产普耳茶，出普耳山，故名。"

普洱茶之名见诸史籍记载始于范承勋监修，吴自肃、丁炜主编，成书于康熙三十年（1691）的《云南通志》，其书载："普耳茶，出普耳山，性温味香，异于他产。""莽支山、茶山，二山在城西北普洱界，俱产普茶。"统览康熙《云南通志》，于茶着墨不多，但却弥足珍贵。康熙五十三年（1714）章履成《元江府志》载："普洱茶，出普洱山，性温味香，异于他产。""驾部山、元山在城西南九百里普洱界，俱产普茶。"此际的车里宣慰司尚在元江府治下，而后雍正朝改土归流设立普洱府，与普洱茶命运攸关。

雍正元年（1723），张允随调补广南府知府。雍正二年（1724），补授曲靖府知府。同年十月，升授云南粮储道。雍正五年（1727），升授云南布政使。雍正八年（1730）八月，补授云南巡抚。在此期间，他前期见证，后期参与了云贵总督鄂尔泰于雍正四年（1726）至雍正九年（1731）于滇省实施改土归流的全过程。

雍正七年（1729）改土归流设立普洱府，起因归结于麻布朋、刀正彦的叛乱。雍正七年由鄂尔泰奉命纂辑、靖道谟总纂，成书于乾隆元年（1736）年的《云南通志》载：茶山莽芝夷贼麻布朋等叛，车里宣慰司所辖舍目刀正彦阴煽诸夷为乱，鄂尔泰命官军进剿，擒获麻布朋、刀正彦。乾隆二年（1737）倪蜕著《滇云历年传》载：莽芝产茶，江西客淫麻布朋妻，事漏被杀，诸商上告且言是橄榄坝舍目刀正彦主使，引发官军进剿，擒获麻布朋、刀正彦至省城并案论死。倪蜕的记述被阮元、尹里布监修，王崧、李诚主纂，成书于道光十五年（1835）的《云南通志》以及道光三十年（1850）李熙龄所纂《普洱府志》、光绪二十六年（1900）陈宗海编纂的《普洱府志》沿用。由此，改土归流设立普洱府的缘起就此演变为一起"茶山情仇录"。究其本源，这些都只不过是借口罢了。值得留意的是莽枝山在康熙年间已经以出产普洱茶闻名，而雍正年间茶商、茶户之间纠纷的发生地亦在莽枝山，说明其地在康雍两朝已经成为普洱茶出产、商贸的重地。

六大茶山进入史籍记载，始于雍正《云南通志》。书中在"物产·普洱府"中记载："茶，产攸乐、革登、倚邦、莽枝、蛮嵩、慢撒六茶山，而倚邦、蛮嵩者味较胜。"伴随六大茶山的名遍天下，赖茶为生的百姓身上却背起了沉重的负担。

伴随改土归流设立普洱府，总督鄂尔泰与巡抚沈廷正开始推行茶政。雍正《云南通志》收录了鄂尔泰《请添设普洱流官营制疏》，文中有关于普洱设府后推行茶政的条文："从前贩茶奸商重债剥民，各山垄断，以致夷民情急操戈。查六茶山产茶，每年约六七千驮，即于适中之地设立总店买卖交易，不许客人上山，永可杜绝衅端。客商买茶，每驮酌纳茶税银三钱，令通判管理，试行一年之后，征税若干，定额报部。"倪蜕在《滇云历年传》中痛陈鄂尔泰茶政的弊端："小民生生之计，只有此茶，不以为资，又以为累。"真可谓是苛政猛于虎也。

雍正七年（1729），云南巡抚沈廷正向清廷进贡普洱茶，其用意不言自明，不无炫耀功绩之意。而贡茶的背后，其负担都被转嫁到了六大茶山百姓的身上，可以想见依茶为生的百姓生存之艰。

改土归流后普洱府的治下并不太平，仅以雍正十年（1732）为例，在普洱府知府佟世荫、总兵李宗应敲骨吸髓式的压榨下，茶山土千户刀兴国发动叛乱。总督高其倬命官军剿平，擒获刀兴国斩首，其党力伐茶树，塞盐井而逃。待查明刀兴国叛乱因由之后，高其倬叹曰："文官爱钱不怕死，武官怕死又爱钱。云南岂能太平乎？"李宗应获罪革职后患疮，两月而死。佟世荫坐绞监候，卒毙于狱。事件导致了双输的结局，罪有应得的贪官污吏固然该死，茶山百姓丧失了生计来源更为可怜。

继任的云贵总督尹继善担负起了改土归流后的善后事宜。其在与大学士鄂尔泰悉心商酌后，与云南巡抚张允随一道发布新的施政纲领。雍正《云南通志》收录了尹继善《筹酌普思元新善后事宜疏》一文，文中罗列了十六条，其中一条可视为茶政，拟定对"官员贩卖私茶，兵役入山扰累之弊严定处分"。时任云南布政使陈宏谋将其细化并付诸实施，其文收录在陈宏谋文集《培远堂偶存稿》中，其中一篇为《禁压买官茶告谕》，另一篇为《再禁办茶官弊檄》。两文中反复强调的就是承办贡茶事宜，其初衷是公平采买，实则各种戕害茶山夷民的手段层出不穷：借名多买，短价压送，冒指官茶，假公济私，等等。从行文中可以看出，贡茶事宜重大，似乎已成定例，但并不苛求品质："将上年买存之茶，拣选供用外，仅需补买贡茶二百余斤，此外毋许多买。"此外，"又有承办箱匣锡瓶等项"。这与雍正十二年（1734）云南巡抚张允随贡茶进单大致都能对应上。

陈宏谋在文中特别指出："甚至本系商贾买茶，亦皆冒指官茶。"说明茶商依然活跃。乾隆六年（1741）修建于蛮砖会馆的功德碑（现今保存于蛮砖茶山曼庄大寨村民丰敬堂家中），同样从侧面证实了外来客商云集茶山经商贸易的情形。其碑额上镌刻的"功德碑记"四个大字为石屏籍官员张汉所题，为其碑文作序的是石屏籍官员罗凤彩。为修建蛮砖会馆，管理茶山军工土部千总曹当斋奉银四两。捐建蛮砖会馆的人员总数估计在 200 人以上。足以证实鄂尔泰将贩茶客商逐出茶山的茶政难以为继，茶山再度兴旺起来。

自雍正八年（1730）八月张允随被补授为云南巡抚，至乾隆八年（1743）五月张允随被授为云南总督，其间张允随作为巡抚，先后参与协助高其倬、尹继善、庆复处理云南政务，亲历并参与了茶政、贡茶等事项。

乾隆十二年（1747）四月，张允随升任云贵总督，成为位高权重的封疆大吏。他在乾隆十二年所推行的茶政，次年被管理茶山土千总曹当斋郑重地刻在了石碑上。这块石碑历经200多年的风雨侵蚀，如今存放在倚邦贡茶历史博物馆中。除去少数文字已经漫漶不清，大多数文字仍然清晰可辨。碑刻文字内容如下：

　　太子少保总督云贵等处地方军务兼理粮饷兵部右侍郎兼都察院右副都御使加三级纪录四次又军功纪录二次张

　　为严禁官弁贩卖私茶，兵役入山扰累，并奸商滚放盘剥，以恤穷夷事。照得普思茶山，地土瘠薄，不产米谷，夷人穷苦，唯藉种茶为业，得价养生。凡贩茶客商，自应公平交易。乃有奸商人等，网利垄断，每欺夷民愚蠢，乘急放借，多方滚算。迨至收茶，百计取盈，不顾茶户亏本。更有不肖文武员弁，倚藉官势，每于二三月间，即差兵役入山采取，任意作践，短价强买，每担仅发银二三两，经手兵役又层层剥削，甚至滥派人夫，沿途运送。是穷夷养命之源，竟成官弁、兵役、奸商射利之薮，深可痛恨。前任尹督部院题明，经部议覆，嗣后茶山责成思茅文武互相稽查，如有官弁贩茶图利，以及兵役入山滋扰者，许彼此据实禀报，倘有徇隐，除本员及兵役严参治罪外，并将徇隐之同城文武及失察之总兵知府，分别议处。奉旨依议，钦遵通行在（案）。历年以来，又经本部院屡檄严饬，该管文武，私贩压买之风虽稍□□□，而奸商滚放盘剥之弊仍未尽除。致有奸夷克子潜传木刻，冀图恐吓。

倚邦恤夷碑（倚邦贡茶历史博物馆藏）

经思茅同知获报，除行云南按察司将妄传木刻之夷□党予严审究惩外，合函勒石永禁。为此示仰普思茶山官弁、汉土商夷人等知悉：嗣后购买普茶，务照时价现银交易，不许放借，短扣滚算。至现任文武职官并废员革弁，如敢贱价压买，以及兵役入山扰累，一经访闻，或被告发，即将该员弁参革究拟，兵役立拿细责。倘奸商等仍敢滚放盘剥，刻即严拏。治罪至各□□□□剥削之辈，俱宜安分守法，如敢借端拖欠，妄行滋事，定行重处不贷。各宜凛遵毋违。特示。

乾隆拾贰年柒月贰拾肆日示

乾隆拾叁年正月贰拾陆日遵刻

管理茶山土千总曹当斋统四山头目敬立晓谕

将鄂尔泰、尹继善、陈宏谋与张允随相继所发茶政条文互相对照，不难发现茶政在不断嬗变。或许，鄂尔泰的初衷是好的，却造成了苛政猛于虎的局面。尹继善主政，事实上扭转了前者的规定。及至张允随治下，尽力施政，仍难祛痼疾。诸如官弁压买官茶，兵役入山扰累，奸商盘剥夷民等弊病难革。这是封建时代体制造就的沉疴。生在康雍乾盛世，张允随之贤，使其与尹继善、陈宏谋等并列为乾隆年间五位封疆大吏，治下百姓尚难免苦难，堪称盛世下的蝼蚁，令人心生恻隐。

以普洱府与普洱茶为视角，单从张允随的任职历程来看，从目睹鄂尔泰改土归流设立普洱府，见证鄂尔泰、沈廷正推行茶政、进贡贡茶，到协助尹继善处理善后，协同推行茶政、参与贡茶，再到最后主政一方，抚绥边疆，力推茶政，贡茶事项自然难免。张允随的宦海生涯中，留下了普洱茶的烙印。

乾隆十一年（1746），张允随获悉任镇安府知府的长子张光宗染瘴病故，时年32岁。张允随白发人送黑发人，悲痛不已，病情加重。乾隆十五年（1750）正月，内阁奉上谕补授张允随为大学士。后又授为东阁大学士兼礼部尚书，着加太子太保。乾隆十六年（1751），张允随因病未能随乾隆帝南巡，不久即病逝，时年59岁。张允随的身后，留下张启宗、张朝宗、张岱宗、张景宗与三宝五子，除时任户部额外主事张启宗年届31岁，余下四子分别年甫13岁、12岁、9岁、5岁，个个年幼，想必是其最放心不下之事。

冬月的普洱市，遇有晴好的天气，阳光灿烂，令人身心舒畅，不愧为"妙曼普洱，养生天堂"的宜居之地。在普洱市博物馆里徘徊良久，邹东春先生特意向工作人员询问展示的贡品普洱茶来源，得到了其为故宫博物院馆藏真品的答复。隔着玻璃，我们长久凝视着被百姓唤作"人头贡茶"的大普茶，其寓意向皇帝表达忠心。而与其形态相似，重约四两的则被称为女儿茶，亦有向皇帝进献之意，内蕴令人望而生畏的狞厉之美。

从远处的六大茶山，到脚下的思茅厅故地，再到远方的省城昆明，终至千里之外北京的紫禁城，借由普洱茶，将普洱茶的原乡和远方串联起来。茶里茶外，古往今来，围绕着普洱茶，过往留下了数不尽的故事；未来，注定继续书写未尽的传奇。

张汉与普洱茶的故事

寻味普洱茶

石屏县宝秀镇张本寨张汉故居

庚子冬月，与邹东春先生相约赴蛮砖山寻源问茶。适逢易武镇到象明乡的道路正在改建，等到中午施工队休憩的时段放行，我们驾乘四驱的丰田坦途皮卡直奔曼庄。

　　曼庄大寨地处山坳中，昔日曾经是蛮砖茶山的中心，而今只是象明乡曼庄村委会曼庄村民小组所在地。这次来得比较巧，家藏有蛮砖会馆功德碑的茶农丰敬堂刚好在家。那块乾隆六年（1741）蛮砖会馆建成时所立的功德碑就倚靠在墙脚。除此外，属于蛮砖会馆的老物件只余下几个柱础和曼庄村民小组办公房门口的一对石狮子。它们都是蛮砖茶山光辉历史的实物见证，也为后人解开历史的谜团留下了珍贵的线索。

　　至迟在雍正初年，来自云南省内、省外的客商已经进入六大茶山贩运普洱。鄂尔泰主政云南期间推行新的茶政，并且短暂地将外来茶商逐出六大茶山。不久之后，这一政策就难以为继，外来茶商再次卷土重来，他们凭借资本等方面的优势，再次在六山站稳了脚跟。就是在这样的时代背景下，以石屏籍客商为主，包括其他省内外客商及倚邦土司与当地土著，都参与到修造蛮砖会馆的事项中。

　　为修建蛮砖会馆所立石碑题写碑额"功德碑记"四字的是张汉，为碑文作序的是罗凤彩，这二人都是石屏籍官员。有清一代，石屏籍官员辈出，他们与活跃在六山的石屏籍茶商关系密切，为普洱茶文化的兴盛、普洱茶商贸的繁荣增添了浓墨重彩的一笔。

　　碑额落款是"钦赐博学鸿祠再授翰林院检讨张汉题"。

循着这一线索，我们爬梳文献，并实地走访，张汉与普洱茶的故事逐渐浮出水面。

张汉（1680—1759），字月槎，号莪思，晚号蛰存，清代云南临安府石屏州人。出身于书香世家，自幼刻苦学习。康熙五十二年（1713）考中进士，康熙五十四年（1715）任翰林院检讨。雍正二年（1724）出任河南府知府。雍正七年（1729）罢职。乾隆二年（1737），参加博学鸿词考试，再授翰林院检讨。乾隆十一年（1746），六十七岁，主动请辞。乾隆二十四年（1759），八十岁，卒。一生经历康雍乾三朝，两入翰林。学识渊博，为官清廉，刚直不阿，著述颇丰。

张汉出任河南知府期间，府治所在地为洛阳，领洛阳、偃师、巩县、孟津、宜阳、登封、永宁、新安、渑池、嵩县十县。中原地区历史悠久，文化厚重，名人荟萃。为保护中原文化，张汉做出了不少贡献。

过往数年间，为了追寻唐宋时期的大家在中原地区留下的茶文化印迹，我们走遍了河南各地，在寻源问茶的过程中，我们多次有意无意中看到张汉留下的印迹。

韩愈位居唐宋八大家之首，己亥年孟夏，我们专程驱车前往孟州市韩陵拜谒。好友徐国庆特意邀请孟州韩愈研究所牛劲刚先生陪同讲解。除却对韩愈的由衷敬仰，作为一个事茶人，我们也非常感念韩愈在任河南令期间对寓居东都洛阳的卢仝的厚待。卢仝被视为韩孟诗派成员之一，好茶成癖，其诗《走笔谢孟谏议寄新茶》中最为精华的部分被后世称为《七碗茶歌》，卢全则被誉为"茶仙"流芳千古。参观完毕，牛劲刚先生提议："我们鞠个躬吧！"众人深深三鞠躬，向前贤表达由衷的敬意。直到后来，随着我们对张汉的了解不断深入，才获知张汉曾亲赴孟县（今孟州市）进行实地考察，以《孟县韩昌黎祠》为题赋诗，在题目后书结论："公，孟县人及墓在孟。"而在张汉的诗文中亦曾提及卢全和《七碗茶歌》。跨越千百年，文化的传承生生不息。

诗圣杜甫，河南巩县（今巩义市）人。在友人王娟的陪同下，我们曾于己亥年夏秋两赴巩义市寻访杜甫故里。这里早已经成为景区，只是少有游客前来，显得格外寂静。最后一层院落，背靠并不太高的土坡，被称作"笔架山"，仔细看，确有几分神似。就着地势，开凿了一排窑洞，其中有一孔标明是杜甫诞生窑。站在窑洞门口，隔着栅栏向里面张望，颇有几分熟悉的感觉。我生于洛阳乡下，打小住的就是这样的窑洞。当时让我有些惊讶的是窑洞中斜靠着墙的一通石碑，右起抬头所刻为"雍正丁未菊月"，中间阴刻一行大字"诗圣故里"，落款为"石屏张汉立"。张汉与杜甫有什么渊源呢？这个疑惑在心中埋藏了许久，直到后来，我们了解到张汉的生平，才解开了谜团。雍正五年（1727），张汉考订了杜甫身世之后，为杜甫修建杜工部祠，刻石立碑，访求后裔，置奉祀生一人。石碑原在杜公祠内，后被移到杜甫故里景区。

大诗人白居易，河南新郑（今新郑市）人。己亥年孟夏，我同友人陈平均一道前往新郑寻访白居易故里，旧日的痕迹几乎已经荡然无存，淳朴的农人尽己所能建了一所农家院作为白居易故里纪念馆。幸存的就只有口口相传的白居易传说，已经列入河南省级非物质文化遗产。传承人吴伟国先生十分健谈，说起这白居易故里的建设十分感慨："当年搞这建设，也是可作难呐！"同月，我们前往洛阳龙门香山白园拜谒。傍晚时分，相约友人谢丽萍、王丹阳一起入白园参观，白居易就长眠于此。附近不远的山坡上，一帮执拗的洛阳人愣是开辟了一处茶园，以此来纪念大诗人。友人王龙尝以所编《大唐茶诗》一书相赠，开篇收录的就是大诗人白居易的茶诗，约50首，竟占唐代茶诗八分之一左右。雍正三年（1725），张汉修白居易墓，作《白氏世系谱序》。

政治家、文学家范仲淹，苏州吴县（今吴中区）人，葬于河南尹樊里之万安山下，今伊川县彭婆镇许营村。我们曾于己亥年、辛丑年两度赴苏州天平山参观范仲淹纪念馆，并曾于己亥年孟夏赴范园拜谒。入园时顺口询问守在门口的老人家："来参观的人多吗？"老人家低声答复："很少。"这让人心下有些怅然若失。有宋一代的茶诗中，范仲淹的《和章岷从事斗茶歌》（简称《斗茶歌》）最为著名，至今仍为人们传颂。雍正五年（1727），张汉对范仲淹墓祠进行整修，为之立碑，并请范氏后裔范百顺书丹。

张汉任职河南府知府期间，除却尽己所能为上述文学上成就卓绝且雅好著事的大家巨匠们修祠立碑外，还着力于偃师的颜真卿墓、伊川的二程（程颢、程颐）墓等诸多名家墓

洛阳孔子入周问礼碑

葬的修葺事宜。张汉礼赞圣贤，为纪念中国历史上最伟大的两位思想家孔子与老子的会面，与洛阳县令郭朝鼎共同刻立石碑铭记。石碑现存洛阳市瀍河区东关大街东头，碑正面正中阴刻"孔子入周问礼乐至此"九个大字。此外，张汉还倾心于教育事业，从其所撰《河南府修崇圣殿记》《嵩阳书院教思碑记》等可见一斑。他曾为追溯文化起源，赴孟津拜谒伏羲庙，并且撰文《至日谒羲皇庙》刻石树碑。张汉考察认定洛书出处在洛河出峡入川处，即今洛宁县西长水，并在此立碑。

关林是关羽的墓地。关羽在清代时被奉为"忠义神武灵佑仁勇威显关圣大帝"，崇为"武圣"，与"文圣"孔子齐名。关公墓地相传有两处，尸首在洛阳，尸身在当阳。曹操所葬的关公墓为人首金身；刘备所葬关公墓为金首人身。辛丑年仲夏，我们前往关林拜谒。在院中的碑林中，我们找到了关壮缪陵碑，碑文为张汉所撰，并由门人董金瓯

洛阳关林庙关壮缪陵碑

书丹，落款时间为雍正五年（1727）。比起其他高大的碑刻，这通石碑十分普通，所幸碑文依然清晰可辨，仍然十分珍贵。雍正四年（1726），张汉作《修洛阳关冢庙碑记》："今上御极之四年，诏追封关侯先三世，王其爵，颁之天下。凡关庙后寝，胥置木主而祀。春秋如其礼，而以洛阳关冢为正。予以修治其庙，如礼而祀之。"

多年来赴六山访茶，凡石屏客商所建会馆，当地的老百姓皆称其为关帝庙。乾隆六年（1741）蛮砖会馆落成，供奉的也应当是关帝。虽然相隔千里，中原与边疆，因了官民共同崇奉的关帝，经由张汉的题刻，两地之间有了奇妙的关联。

辛丑年孟夏，与邹东春先生、聂素娥女士夫妇相约共赴石屏，专程前往石屏县博物馆参观，其间结识了石屏文管所所长朱晓燕老师。为了弥补我们没能一睹馆藏张汉墨宝的遗憾，朱老师特意调出了图片

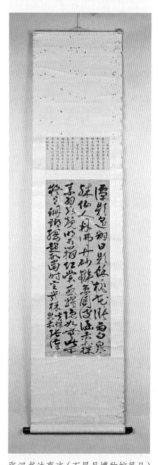

张汉书法真迹（石屏县博物馆展品）

供我们欣赏。回到郑州后不久，就收到了朱老师寄来的一套石屏丛书，其中就有我渴慕已久的张汉诗文集《留砚堂诗选》一书。张汉一生中创作了七千余首诗歌，清末云南特科状元袁嘉谷将其选编成《留砚堂诗选》。翻阅其书，但觉满卷茶香。这并不令人意外，历来文人士大夫皆雅好茗事。张汉的同乡石屏客商更是盘踞六大茶山之声名、实力最著的普洱商帮。张汉为蛮砖会馆功德碑所题碑额，从侧面印证了其与同乡茶商之间的联系。实际上，历来官商之间都不乏交游，礼尚往来更是司空见惯。由此，张汉诗文中流露出的对普洱茶青睐有加便在情理之中了。张汉有一首诗作《普洱茶》："一水何须让武夷？遗经补注问名迟。撷从瘴雨春分后，焙取蛮烟骑火时。郡守不因茶务重，侯封绝胜酒泉移。南中旧史文园令，应喜清芬疗渴宜。"其《瀹茗山茶花下作》中有句曰："六大茶山有茶人，种茶为生满岩谷。"可见其对六大茶山是知悉的。更有一首《思乡曲》诗句曰："倚邦火后蛮砖雨，采得枪旗入鼎香。"这与雍正《云南通志》中"六茶山，以倚邦、蛮嵩者味较胜"意味相近。其《昆明清明写兴》一诗中有句曰："蛮砖茶喜供银汁，吴井泉宜漱玉川。"更是清清楚楚地表达出对蛮砖茶的喜爱之情。

清代云南文人的作品中，张汉所作文章颇受赞誉。据李燕清统计，清代嘉庆年间编纂的《滇南文略》中收录了云南历代151位文人的各类文章847篇，张汉的文章篇数高居第一，占到整部著作的22%。张福三主编《云南地方文学史》中，称张汉为"滇中文宗"。张汉曾为茶作了一篇传记《草木中人传》，通篇用拟人之法，将茶比作"草木中人"，赋予其姓氏为"茶氏"，生动、有趣、传神，令人耳目一新。文中将普洱与蒙顶、武夷、顾渚、阳羡、武陵、六安等名茶并列，足见其对普洱茶由衷的喜爱。文人的志趣，家乡的情节，张汉将其倾注于笔端，诉诸普洱茶，在诗文中表现得淋漓尽致。

辛丑年孟夏，离开石屏之前，我们专程前往宝秀镇张本寨寻访张汉故里。经村民指引，我们找寻到了张汉故居，院中空无一人，只有看护家院的柴狗汪汪了几声，便不再作声了。回转到村口，向一位坐在房檐下乘凉的老人家询问张汉，老人家声音洪亮："我就是张汉的嫡系后裔呀！"这让我们又惊又喜。老人家邀请我们到家中小坐。攀谈中得知，张汉的墓葬尚存，但老人家不无遗憾地说："被盗墓贼偷过了。"墓碑已在过往动荡的岁月中被毁坏无存。"我年龄大了，走不动了，年轻人不知道墓葬位置，没人带的话找不到。"老人家的一番话，让人闻听后内心生出无限的惆怅。时间过去了200多年，洛阳人仍时时追忆张汉的恩惠。而在他的故里，他的身后几乎一片凄凉。

普洱茶的背后，是人与茶的故事。故事里有令人感叹的志士盛举，亦有令人不胜唏嘘的世道沧桑，都借由这一盏茶，供人述说，任人评述。

寻味普洱茶

乾隆皇帝与普洱茶的故事

乾隆皇帝品茶蜡像（普洱市博物馆展品）

清代，康雍乾时期被誉为盛世，乾隆皇帝以其文治武功誉称于世。作为一位盛世君王，尽享尊荣的乾隆皇帝以爱茶而闻名，其所喜好的普洱茶，有意无意间成为见证乾隆朝历史大事件的小注脚。

清乾隆帝爱新觉罗·弘历，生于康熙五十年（1711），驾崩于嘉庆四年（1799），庙号高宗，谥号纯皇帝。二十五岁登极，在位六十年，做太上皇四年，享年八十九岁。

进入到康雍乾盛世的全盛时期，乾隆皇帝向以其十全武功自诩，其中一件就是征缅战争。由于缅军长年侵袭云南沿边土司地区，乾隆三十年（1765）至乾隆三十四年（1769），清廷与缅甸之间爆发了四次大规模的战役。战争的过程中，云贵总督刘藻畏罪自杀，继任云贵总督杨应琚冒功被赐死，其后接任的皇亲贵胄明瑞又战死。最终由位列首辅的傅恒率军征讨，战事以双方议和而告终。事实上，征缅战争远不若乾隆皇帝宣扬的那般光彩，损兵折将十余万人，耗费千百万两白银巨额军饷，最终仅以议和收场。

分析征缅战争未能大获全胜的缘由，瘴疠的影响、武器的落后等表象之下，战略与战术的失败是内因，在天时、地利、人和都不占优势的情形下，失败几乎是必然的结果。倘若战败自杀的刘藻令乾隆皇帝震惊与愤怒，贪功冒进的杨应琚被勒令自尽在乾隆皇帝看来是罪有应得，那么富察皇后的亲侄子、战功赫赫的明瑞战死则对乾隆帝触动极大，而作为其肱股之臣的傅恒战后未几便染瘴而殁，对乾隆皇帝更是沉重的打击。战争的结果仅是留下了一份双方都不满意的协议，更衬托出这场旷日持久的战争悲凉的底色，盛世的光环难掩社会的真实情况。

引发清廷与缅甸冲突的根本缘由在于双方接壤的沿边土司地主导权纷争。清朝耿马、孟连、孟定等土司，以及云南南部的车里土司在东吁王朝时期都曾向缅甸致送过花马礼，车里土司甚至还接受清缅两方的委任。乾隆二十八年（1763），缅王以普洱十三版纳原隶缅甸索其贡献。这是雍正朝改土归流后，视车里等内地土司为版图所属的乾隆皇帝所不能坐视不理的。清缅战争缔结的协议虽然令乾隆皇帝难称心意，但是缅甸"永不侵犯天朝边境"这条关键协议内容基本落实，直至乾隆五十三年（1788），缅王孟云派使入贡并送还在缅兵民，余项协议内容得到履行，乾隆皇帝才调整原来的政策，与缅甸开始通交。嘉庆朝《钦定大清会典事例》记载："乾隆五十八年，缅甸国王遣使祝贺，特赐国王茶叶十瓶。正使茶叶六瓶，茶膏二匣，大普茶团二个。副使二员，茶叶各四瓶，茶膏各一盒，小普洱茶团各十个。"双方重新交好之后，普洱茶成了缔结情谊的见证，而出产普洱茶的地方，正是引发双方通过战争抢夺主导权的土司地之一的车里。

乾隆年间普洱府城城砖（普洱市博物馆展品）

在雍正朝改土归流后，车里宣慰司被纳入流官政权普洱府的治下。曾经在雍正朝改土归流设立普洱府及善后事宜中担负重任的诸位大员，进入乾隆朝后结局各不相同。鄂尔泰在乾隆十年（1745）去世，仅仅十年之后，乾隆帝就以"朋党罪"将其打入罪臣之列，其庞大家族亦随之崩溃。尹继善自知不如在雍正朝受宠，倍加小心谨慎，虽屡遭斥罚，终由封疆大吏升任宰辅。每遇大事仍直陈已见，谏阻傅恒经略云南军务以至于流涕，但终未能为乾隆帝采纳，致使傅恒出师失利，染瘴而殁。乾隆三十六年（1771），尹继善去世。其身后，儿孙辈仍不免于为饥寒所迫。尹继善好友陈宏谋备受乾隆恩遇，历任封疆大吏，官至东阁大学士兼户部尚书，以年老致仕。他在返乡途中闻讯尹继善病逝，顿足痛哭，欲回祭尹公，为家人劝阻，两个月后病逝。雍正朝旧臣，唯有张允随进入乾隆朝后留守云南并出任督抚，将其毕生心血与精力倾注一地，回京赴任不久，即于乾隆十六年（1751）病逝。其身后，尚有四个年幼的孩子。

普洱府设立后，鄂尔泰、尹继善、张允随与陈宏谋等大员们相继施行了各种政策措施。以茶政为例，经过不断修正，渐趋合理。普洱府城、思茅厅城成为清季边疆重镇，商贩云集，盐茶通商。进入到乾隆朝后，从城镇到乡村，茶业再度兴旺发达起来。乾隆六年（1741），来自石屏等地的茶商募集资金修成蛮砖会馆，延请两位石屏籍的官员张汉、罗凤彩分别为功德碑题写碑额、作序，官、商、民等共襄盛举。乾隆十五年（1750），江西籍商人重修思茅万寿宫，并勒石以记其事。乾隆二十四年（1759），来自江西南昌府的客商在普洱府城萧祠集资供奉灯会，参与者的姓名，都被郑重其事地刻在了石碑上。

继雍正朝茶税单独列项征缴之后，乾隆朝涉及茶税事项有了更为明确详尽的规定。《大清会典事例》记载："乾隆十三年，议准云南茶引，颁发到省，转发到丽江府，由该府按月给商，赴普洱府贩买，运到鹤庆州之中甸、各番夷地方行销，其稽查盘验由邱塘关、金沙江渡口照引查点，按例抽税，其填给部引，赴中甸通判衙门呈缴，分季汇报，未填残引，由丽江府年终缴司。"由此不难猜想，从茶山到城镇，从产地到销区，商贾络绎于途，人欢马叫的繁盛景象。

乾隆朝普洱府治下，在清缅战事爆发之前，有赖于社会的安定与政事的清明，有过一段难得的太平时光。普洱府设立后，倚邦曹当斋被授为土千总，易武伍乍虎被授为土把总。乾隆二年（1737），皇帝降诏书敕封曹当斋为昭信校尉、其妻叶氏为安人。圣旨如今就存放在西双版纳民族博物馆。诏书内容还被刻在石碑上，至今依然伫立在倚邦茶山，当地政府修造有碑亭加以保护。曹当斋显然没有辜负朝廷的信任，尽己所能处理好官府与外来客商、本地夷民的关系。在乾隆六年（1741）修建蛮砖会馆所立的功德碑上，奉银四两的曹当斋作为地方主政官员，其名字刻在了捐资人的首位。而今，石碑还保存在蛮砖茶山曼庄大寨丰敬堂家中。为了治下茶务能有正常的政商环境，乾隆十三年（1748），曹当斋带领属下四山头目将署任总督张

乾隆皇帝册封曹当斋夫妇的圣旨（西双版纳民族博物馆展品）

允随的政令刻在石碑上，晓谕官商夷人遵行。我们猜测，雍正末至乾隆初，自曹当斋起，倚邦土司承担起每年定例承办贡茶事项。同期，自伍乍虎起，易武土司协同倚邦土司承办贡茶事项。乾隆四年（1739），云贵总督庆复奏请普洱府治下倚邦土千总曹当斋的后代在将来承袭时，降给土把总职衔；易武土把总伍乍虎的后代在将来承袭时，无可再降，仍给土把总职衔，承顶管事。兵部议复从之。由此，倚邦曹氏土司、易武伍氏土司，成为世袭统领六大茶山的两大家族。

普洱府设立后，清廷原意欲以车里宣慰司为藩篱，然以乾隆朝清缅战争观之，实则素称积弱、毫不可恃。这与车里宣慰司地处战略要冲，外承强悍的缅甸雍藉牙王朝的侵袭，内承清廷大一统的封建集权重压不无关系，而车里宣慰司内部势力犬牙交错。内忧外患之下，征战连年不息，终不免于纷乱。乾隆三十一年（1766），云贵总督杨应琚奏请赏给奋勉出力的倚邦土千总曹当斋土守备职衔，赏给易武土把总伍朝元土千总职衔，并将庸懦无能的车里宣慰司刀绍文革职。

历经清缅战争摧残，茶山夷民流离失所，农耕社会对人力资源依赖极重，易武土司不得不招募外来汉民补充劳力。客首尚文辉带领外来客户赴漫撒、蛮别寨开垦茶园、种植茶树，代夷民顶办贡茶、钱粮、夫役等项。承担责系多年后，尚文辉开始争取自身权益，要求对名下土地进行确权。先是由易武土司，而后由车里宣慰司分别在乾隆五十一年（1786）、乾隆五十四年（1789）两次下发执照确认。后者的内容被镌刻在石碑上，如今存放在易武茶文化博物馆。乾隆朝，六大茶山处于车里宣慰司与思茅厅的双重管辖之下，遭受到土司与流官政权的双重盘剥。看似不起眼的执照事件，实则意义重大。土司政权封建领主治下的农奴制度，正如傣族谚语："水和土是领主的，农奴种田出负担，买水吃、买路走、买地住家，死了买土盖脸。"相比而言流官政权治下的地主制度，代表的是先进生产力。二者有本质的不同。以土地执照事件为标志，土地性质正在发生根本性的改变，历史的潮流无可逆转。乾隆五十四年（1789），外来的石屏籍客商在漫撒新建石屏会馆，延请石屏籍官员卢镇作文以记之。时任易武土司、倚邦土司都捐资以助。其石碑保存至今，存放于易武茶文化博物馆供人参观。六大茶山往北，普洱府城中，乃江西籍客商云集之地。

乾隆五十八年（1793），来自南昌府、建昌府的客商分别筹资增建万寿宫、供奉灯油。其石碑至今存于宁洱县江西会馆中。《建府灯油碑记》中有"尔弹丸之地，然上通沅江省城，下达思茅茶山，其间行商坐贾络绎不绝"的文句。从中可以窥见位居要地的普洱府商业繁荣的景象。

乾隆五十五年（1790）八月初二日，乾隆皇帝圈定了进贡人员的名单（共84人），据此可以将有资格进贡的人员分为以下六类：一是宗室亲贵，有亲王、郡王、贝勒；二是中央大员，包括大学士、尚书、左都御史、都统；三是地方大吏，有总督、巡抚、将军、提督；四是织造、盐政、关差；五是致仕大臣；六是衍圣公。仅以乾隆五十九年（1794）为例，云南总督富纲两次进贡普洱茶，三月二十六日进贡之茶就有"普洱大茶二十圆、普洱中茶二十圆、普洱女茶五百圆、普洱蕊茶五百圆、普洱蕊茶五十瓶"。四月二十四日进贡之茶有"普洱大茶五十圆、普洱中茶五十圆、普洱小茶二百圆、普洱女茶五百圆、普洱蕊茶五百圆、普洱芽茶五十瓶、普洱蕊茶五十瓶、普洱茶膏五十匣"。贵州巡抚冯光熊也有一次进贡普洱茶"普洱大团茶五十圆、普洱中团茶五百圆、普洱小团茶一千圆、普洱蕊茶五十瓶、普洱芽茶五十瓶、普洱茶膏一百匣"。计其种类，都在八色贡茶之列。计其数量，也相当可观。

乾隆五十八年（1793），英使马戛尔尼访华。乾隆皇帝指示属臣以周到的礼节款待了英使，其中虽有诸如觐见礼节与礼仪之争，更重要的是清廷拒绝了使团所提议的建交、通商等六条要求。在没有达成出使目的的情况下，马戛尔尼带领的英国使团失望而归。为了这次出使，英国使团用重金精心挑选和制作了足以彰显英国科学水平和工业实力的许多礼品，包括天文地理仪器、机械、枪炮、车辆等，共计19宗590余件，分装六百箱携来中国。但并没有引起乾隆皇帝与大臣应有的重视与回应，完全被漠视了。而乾隆皇帝回赠的主要是中国传统手工艺品，反映了东方农业大国的特色，包括茶叶、丝绸、瓷器等，计有130种3000多件。茶叶中就包括普洱茶。英国使团中的一员斯当东著有《英使谒见乾隆纪实》一书，书中记载："茶则并非普通散开的茶叶，而是一种用胶水和茶叶混合而制成的球形茶叶，此种茶可以长远保持原来味道，在中国系最贵重之品。这种茶叶出产于云南省，不经常出口外销，但英国人喝起来不大合乎口味。"英使马戛尔尼在所著《1793乾隆英使觐见记》中描述乾隆皇帝："余静观其人，实一老成长者，形状与吾英老年绅士相若，精神亦颇健壮，八十老翁望之犹如六十许人也。"康雍乾盛世之下，危机四伏，就像马戛尔尼笔下乾隆皇帝的形象，已经极端成熟，但同时又极端僵化。普洱茶再次见证了历史大事件的发生，清帝国的悲剧命运在此已经埋下了伏笔。以英使马戛尔尼访华为标志，两个国家的命运已经开始分野，古老的东方帝国已经开始衰落，而英国的工业革命正如火如荼，英国一跃成为世界最强的工业国家。

普洱茶备受乾隆珍爱，不独用来回赐缅甸国王、安南国王的贡使，英国马戛尔尼使团，亦用来赏赐属下的臣工，更少不了供自己享受。乾隆皇帝不独爱茶，尤善品水，尝将北京玉泉之水评为天下第一。雪水亦受其珍爱，每遇佳雪，宫里必收取。乾隆曾作有《烹雪》一诗：

瓷瓯瀹净羞琉璃，石铛敲火燃松屑。

明窗有客欲浇书，文武火候先分别。

瓮中探取碧瑶瑛，圆镜分光忽如裂。

莹彻不减玉壶冰，纷零有似琼华缬。

驻春才入鱼眼起，建城名品盘中列。

雷后雨前浑脆软，小团又惜双鸾坼。

独有普洱号刚坚，清标未足夸雀舌。

点成一碗金茎露，品泉陆羽应惭拙。

寒香沃心俗虑蠲，蜀笺端砚几间设。

兴来走笔一哦诗，韵叶冰霜倍清绝。

每读此诗，脑海中都会浮现出风花雪月的意境，这种浪漫的诗意，最终都幻化成一个繁花似锦时代的绝响。

寻味普洱茶

［史话篇］

宁洱县江西会馆背后的故事

宁洱县江西会馆

庚子年冬月，与友人邹东春先生相约，同赴普洱市寻源问茶。先是参观了普洱市博物馆，再次近距离瞻观了调拨自北京故宫博物院的贡茶实物，然后与吴晓萍女士相约到思茅石屏会馆品茶，茶叙期间，或许是见我们对涉及普洱茶的历史文物十分感兴趣，吴晓萍女士顺口提了一句："宁洱县有一个江西会馆。"说者无意，听者有心。邹东春先生说："咱们去看看吧！反正开着车，距离也不远。"于是我们告别吴晓萍，驱车直奔宁洱县。

　　跟随导航的指引，我们在宁洱县城里穿街过巷，竟辗转至文昌宫附近。文昌宫我们来过许多次，只是从没想到附近还有个江西会馆。将车辆停放在附近的停车场，我们沿着一条小巷往里走，在一座大楼前面茫然失措，完全看不到江西会馆的所在。经路人指引，我们穿过楼下的门洞，登时豁然开朗，一座青瓦覆顶的房屋出现在眼前。门前，三位大妈围着一个小桌子悠闲地打着扑克牌，对我们这几位外来之人浑不在意。

　　门前竖立有江西会馆的石碑，标明是县级文物保护单位，落款是宁洱县人民政府，立碑时间是 2008 年 11 月 6 日。碑刻上有江西会馆的简介：位于宁洱县凤新街北段东侧，始建于雍正七年（1729），建筑面积 603.9 平方米，坐北朝南。又名"萧祠""万寿宫"，为穿斗式木结构建筑。由大殿、左右两间书斋和茶楼组成，庭院宽敞，原种有古柏、紫薇各两棵。江西会馆是清代设普洱府后所建立的"四大会馆五小会馆"中最大的一座，下设有抚州会馆、庐陵会馆、吉安会馆、建昌会馆。它是当时江西同乡酬神拜祖，调解乡友纠纷，维护同乡权益的重要场所，也是普洱府茶市收售繁荣，茶马客商云集的历史见证。

穿堂而过，后院右侧是个花木扶疏的庭院，一座两层的阁楼，门楣的铝制标牌上标有"抚州阁"的字样，眼前所见，俨然是主人家的小花园。后院左侧是一座大殿，门额上悬挂

宁洱县江西会馆

有"江西会馆"的木匾，落款是"乙酉年金秋"。门廊左右两侧的立柱上悬挂有一副对联，上联是"江馆几沧桑难舍秋水长天家国梦"，下联是"哀牢有知己最是千年古茶万民心"。

大殿门廊两侧的墙上悬挂有扇形木匾，其中一块是江西会馆简介，内容较大门前的石碑上所述略为详尽，其中提到：1952年民主改革，会馆及所属田地、房产、财资由人民政府接收。作为普洱茶乡历史文化的一个见证，江西会馆于2005年7月28日修复重建对外开放，2007年6月3日在地震中损坏，再次修复后于同年中秋对外开放。

同来的邹东春先生扬声召唤："这里的墙上有碑刻哎！"闻声而至，抵近细看，果然在大殿门廊左右两侧墙上分别镶嵌着三块石碑，这可真是意料之外的收获。只是门廊、院落大都被主人养护的花花草草占据，几乎没有下脚的地方。看到我们对碑刻十分感兴趣，院中正忙着侍弄花草的主人——一位头发花白的老先生十分高兴，一边给花草松土浇水，一边同我们闲聊起来。征得主人同意之后，我们移开大殿门廊下的花盆，用随身携带的单反相机，将碑刻上的文字拍摄下来，并且反复对比确认可以清晰辨认出碑刻上的文字方才作罢。行程紧迫，不允许我们长久停留，于是作别主人，继续我们访茶的行程。

有清一代，借由普洱茶贸易，江西茶商在牛滚塘茶山上留下了许多爱恨纠葛的故事。史籍的记述，民间的传说，人们津津乐道的故事背后，江西茶商究竟有着怎样的历史面貌？

似乎绝少有人去关心。而宁洱县江西会馆留存下来的六块碑刻，为我们揭开江西客商的众生相留下了宝贵的线索。

解读碑刻的过程中，首先需要做的是尽可能将碑刻上的文字内容辨识出来，这并不是一件容易的事情。历经岁月侵袭，石碑风化，许多字迹已经无法辨认。殊为可惜的是，在将石碑镶嵌到墙上的过程中，有些字迹被水泥涂抹掩盖，加大了辨识的难度。即便如此，大多数的字迹还是可以辨识出来，这已经让人觉得十分庆幸了。经由对辨识出的文字内容进行解读，我们得以窥见过往岁月中社会景象的一斑，知悉已经逝去的历史场景。

南昌灯油碑（宁洱县江西会馆藏）

宁洱县江西会馆留存的碑刻中，已知时间最早的是乾隆二十四年（1759）的《南昌灯油碑记》，其内容如下：

南昌府供奉灯会碑记

神府永被，圣德难名，迹显江湖，灵感如桴鼓之应，泽周海宇，生全同覆载之，如沾戴靡涯，酬答无自。缘昔南昌府南昌县陈凤翔贸易普故，遗下本银三十五两，因无亲属人等，存众生息，众所捐，乐助共成八十，此系积数年之息方有此也。内将三十两当置杨家寨田一分，每年纳租六石，因萧祠灯会无资，公众酌妥，虔将此项上奉真仙座前，永膳灯油。定议每年南郡签点，值会头人轮流秉公交收租石，其银对期，务将本息交与头人虔备灯油供奉，以垂悠久。祈慧光普照，福果同荣。日后田主或来取赎，仍将原价归并。值年会首，生息不得花销，违误灯功，如有徇私为己，查出公罚。是为记。

从碑记可知：彼时江西会馆的名称就是"萧祠"。文中所记的内容并不复杂，却有一个令人闻之伤感的事件开头。来自南昌府南昌县的客商陈凤翔，在普洱府经商贸易的过程中身故，在没有亲属继承遗产的情况下，他遗留下来的资产被作为本金，有可能经过同乡头人放贷经营，再加上同乡众人捐助，数年之后这笔资产的总数增加。然后从中取出部分本金，置换了典当的寨田，寨田的收益用于供奉萧祠，值会头人负责此项事由。捐资人的姓名及数额，为碑记撰文的陈清菴，以及书写碑文的谢建兰，萧祠主持僧普明、徒通慰，雕凿碑文的石匠黄连远，一众人等的姓名，都被郑重其事地刻在了石碑上。

经过查询文献可知：萧祠中供奉的萧公，是江西省临江府的地方性神祇，因受到朝廷敕封，在明代列入国家祀典，被江西人带往客居、流寓之地建祠供奉。道光《普洱府志》"祀祠"中"萧公祠"遍见于普洱府治下宁洱县、思茅厅、威远厅和他郎厅。现存道光《普洱府志》成书于道光三十年（1850），由时任普洱府知府李熙龄（江西南城人）编纂而成。道光《普洱府志》中有普洱府城池图，其中标注有江西会馆。作为江西人，身处尤重祭祀的时代，李熙龄应当非常清楚家乡神祇崇奉的习俗流布以及普洱府江西客商的状况，对照府志中前后所记萧公祠与江西会馆的位置，普洱府署所在地宁洱县的萧公祠与江西会馆当是同指一处。

建昌灯油碑（宁洱县江西会馆藏）

会馆留存的碑刻中，时间较早的还有乾隆四十一年（1776）的《建昌灯油碑记》，其内容如下：

从来□莫为之前，虽美弗彰；莫为之后，虽盛弗传。吾郡灯油会肇自前人，既尽美矣，惜乎所积□□资弗不继，恐将前人之善举而堕于后人之因循也。是以罗□□□□□三吴子□□等□□□。吾郡诸乡翁佥议捐资，不惮跋涉劳苦，共计捐银六十八两有零，每年轮值四位头人经管生息，继香油之费，行见宝炬长明，神堂留不夜之光。金钱概掷，众姓沐无疆之福。今将乐助芳名勒石于后，以垂不朽！故序。

落款撰书之人的姓名无从辨识，只能看出是旴江人士。旴江，又名建昌江，在建昌府治南城县城东。作序之人应当也是建昌府人士。开列于碑刻上的捐资人籍贯应当是江西省建昌府，总人数在150人以上。由此可以看出，来自建昌府的江西籍客商已经云集普洱府。捐资人数众多，捐资总数额为六十八两有零，具体到碑刻上所列人士的名下，大多以分为单位，可见是一分一厘的集资筹款，说明此时众人的财力尚且不够丰厚。

会馆留存的碑刻中，有一块乾隆五十八年（1793）的《南昌府功德碑记》，其内容如下：

从来□德报功之典自具人心，岂必待泐石注名，而后为之奋发也哉？盖必有大功大德深入人心，戴佩弗忘。有不能已者，如吾乡万寿宫福主是矣。什西□之生佛，为豫章之华盖。故虽山陬海隅，莫不建立祠庙，以为庆祝之阶。普城地居滇迤，山岚雨瘴，吾乡客寓于此者，寥寥无几。合众志之善缘，新门牌之华飞，移戏台于旧址，愈觉辉煌壮丽，依稀南天一色，固神灵之启佑，何莫非欣感之盛心，□当功成告竣之日，聊表丹诚，以志不朽云尔。

南昌府功德碑（宁洱县江西会馆藏）

这块碑刻的落款时间是在秋月，为江西南昌府籍客商所立。碑文开列人名只有二十一人，但是人均捐资数额较多，总数有近三十两，凸显客商财力较强。

来自江西不同地区的江西籍人建立的会馆名称是不同的，

"江西会馆"只是其统称。江西会馆最常用的名字是万寿宫，其地是江西人共同崇奉祭祀许真君（许逊）的道场。由碑文可见，至迟在此际江西会馆的崇奉神祇已经有了许真君，会馆由此也可以称为万寿宫。

建府灯油碑（宁洱县江西会馆藏）

会馆留存的碑刻中，还有一块是乾隆五十八年（1793）的《建府灯油碑记》，其内容如下：

乾隆五十八年吉立。万寿□□□□□□，暨妙济许真君□□□□享祀□兹晋邑□□□。尔弹丸之地，然上通沅江省城，下达思茅茶山，其间行商坐贾络绎不绝。凡我同人，当思身居异域，蛮烟瘴雨，非神灵护佑，不能长享太平之福。今各府俱有厚资以供灯油，惟我旴江捐资毫微，

使用不敷。我等因签□人重整灯油，厚望仁人善士各捐余资，解囊相赠，庶使福有攸归，名标不朽云尔。

碑刻抬头的"建府"应当是建昌府的简称。殊为可惜的是，在碑刻镶嵌到墙上的过程中，碑刻右侧的文字被水泥涂抹覆盖，许多文字只能看到偏旁部首。经过努力辨认，仍然可以看到"万寿""许真君"的字样。时隔17年，建（昌）府籍的江西客商人数更多了，仅以碑文开列姓名所见，人数

在 210 人以上。但从捐资数额来看，具体到每人名下，仍然显得财力有限，推算捐资总数额在 80 两左右。

两块同年所立的碑刻，似乎有相互攀比之意。共同之处在于崇祀之神都是许真君，这是江西籍客商普遍崇奉的乡土神。

对照乾隆四十一年（1776）的《建昌灯油碑记》与乾隆五十八年（1793）的《建府灯油碑记》，不难发现，在普洱府的江西建昌府籍客商是人数庞大的一个群体。参阅道光《普洱府志》普洱府城池图，其中有盱江会馆。府志"祀祠"记载普洱府府城内大街有盱江庙。江西客商所建会馆最主要的功能就是祭祀，盱江会馆、盱江庙当是同指一处。光绪《普洱府志》"祀祠志"中记述："盱江庙，宁洱县采访，在城内大街，光绪八年郡人李兆祥等倡修。"这显然与前期的记载不符，盱江会馆（盱江庙）至少在道光三十年以前就已经出现了。可以肯定的是盱江会馆（盱江庙）是江西建昌府客商所建。据常理推断，有可能是建昌府籍的客商在前期财力不够丰厚时集中在江西会馆祭祀，后期发展壮大之后，另行筹资兴建盱江会馆（盱江庙）。

宁洱县江西会馆留存的碑刻中，有一块嘉庆十二年（1807）的《大士碑记》，其内容如下：

洪都众姓会商建立

观音大士殿于真君阁之东偏堂宇，言言僧庐庖厨之所皆具，我江右人士岁时瞻拜，祠丁洞洞属属，若或飨之，致其虔也。岁丁未，予赋闲居此，客长来告曰：此殿初构时毫无

大士碑（宁洱县江西会馆藏）

积蓄，按季则各府酬钱若干，聊资灯油。众议以为非经久计，每岁恭逢圣诞，捐资庆祝外，其公费所余，则会首领出生殖，经今十余年，积钱数十千。思扩而大之，置备产业，永供会事，则于祀礼有光焉。请属文以垂诸人。予谓此善举不可不志，顾予更欲进一说焉。夫事神之道曰：一曰诚。惟一则众志胥协，惟诚则幽明可通，所望同感，永敦梓谊，和衷襄事，虽明可以将敬，蘋藻可以为馨，一堂欢会。神听之而和平，则集凝麻视此矣。若夫人怀异心，或勉强出力，争喝无稽乱谈，以致时举时废，甚非所以邀神祝也。凡内外殿，正会悉准诸此，因并书焉。同乡俟事成，再将制买产业勒于碑，阴爱为之记。

计开：嘉庆十年九月内买得，许恩纶买得南门内□姓铺房一连三隔，每隔一进二层，水井后地俱全。其房坐落南门内大街，东至总府箭道墙脚止，南至高姓墙脚止，西至沟边大街止，北至卖主买获顾姓同墙共柱，四至载明。实去买价纹银一百六十五两整，勒石永记。

从碑记落款可知，碑文为涂焕所撰。据道光《普洱府志》记载，涂焕为江西新城人，进士，乾隆五十一年（1786）至五十二年（1787）任宁洱县知县。按涂焕所述，其在嘉庆十二年（1807）赋闲居此，江西会馆具备食宿功能。作为同乡，涂焕应邀题写了碑记。文中介绍了江西洪都（南昌）籍客商发起倡议，合省众姓响应，在普洱府城南门内大街置备产业，收益供奉观音大士殿开支。再次彰显南昌客商强大的资本实力与号召力。

会馆留存的碑刻中，还有一块《吉府碑记》，由于残损，已经无法辨识年代。吉府当是江西吉安府（府治庐陵）。碑记内文显示所立情由为"重修头门戏台"。由碑文可知，捐资人有"管理普藤军功副府刀""管理白马山六困部厅刀"，可见地方土司官也参与捐资。值年客长罗再喜，客长陈静安、王昇成、邓卓安带头，众客商踊跃捐资。仅以碑文

吉府碑（宁洱县江西会馆藏）

所见人名、数额推算，总捐资在二百两以上。此时的客商称得上是财力雄厚，慷慨解囊。加之官商合力，当是相处和睦。由此推测，这块碑刻可能修于嘉庆年间。

宁洱县江西会馆留存下来的六块碑刻，可视为清代普洱府江西籍客商的档案资料。为后人了解清代江西客商群体提供了真实的佐证。

李熙龄在编纂《普洱府志》时，更是从宏观的角度留下了关于江西同乡的宝贵记述。仅以普洱府为例，就有漆扶助、张铭、卢元伟、李熙龄等多位江西籍官员先后出任知府。亦有陈图、涂焕、赵秉煌等多位江西籍官员出任宁洱县知县。任职其他职位的江西籍官员亦为数不少。

府志记述："国初改土设流，由临元分拨新嶍营官兵驻守，并江右、黔、楚、川、陕各省贸易客民，家于斯焉。于是人烟稠密，田地渐开，户习诗书，士敦礼让，日蒸月化，骎骎乎具有华风。"

据府志统计，道光年间普洱府辖下各地户数为：宁洱县，土著4901户，屯民3036户，客籍3434户；思茅厅，土著1016户，屯民2556户，客籍3105户；威远厅，土著3602户，屯民5171户，客籍432户；他郎厅，土著30410户，屯民30171户，客籍650户。"屯民"和"客籍"都是外来人口，已经大大超过了土著人口。

据府志记载，普洱府百姓衣食多仰给茶山，以茶为市，盐茶通商。在普洱府治下，茶、盐乃是通商贸易的大宗产品。

大量外来汉族民众进入普洱府开垦、经营，不断地将先进的生产力、商贸经营方式带入当地，且将自身的文化传统、宗教信仰、社会风俗等引入当地。其中尤为令人瞩目的当属江西商帮。

改土归流后，至迟在乾隆年间，江西客商已经大量进入普洱府辖地。先是来自江西临江府的客商建起萧公祠，奉祀家乡的水神萧公。继而来自南昌府的客商加入奉祀之列。建昌府客商循而奉祀。至迟在乾隆五十八年（1793），奉祀对象不再局限为临江府地方性的神灵萧公，而是有了江西人共同崇奉的许真君，来自建昌府、南昌府的客商争相奉祀，建昌府客商群体庞大，南昌府客商财力雄厚。江西会馆内的观音大士殿，印证出崇奉对象的多元化。汉夷杂处，风俗融合，修造戏台的过程中，地方土司、江西客商共同出资。江西会馆的功用趋向多元化，社会影响力不断扩大。

从奉祀萧公的萧祠，到崇奉许真君的万寿宫，再到奉祀观音的大士殿，呈现出江西会馆多元化的信仰风俗。戏台则是人神共娱的见证，汉夷之间的情感纽带。来自江西各地的客商，既具有共同的特点，亦有各自的特色。尽情展现自身的商业能力，利用各种手段筹集神灵供奉等各项资金。邀约士人撰写碑文扩大影响，结交流官、土司扩充势力。以信仰为纽带，凝聚人心，联络情谊，为经商贸易与世俗生活奠定坚实的社会基础。

乾嘉时期普洱府的社会风貌，被定格在历史的深处。而江西会馆留存下来的碑刻，就像是一个个小小的万花筒，使后人得以窥见清代江西客商的面貌，一览朝野、僧俗各阶层的众生相。

回想在雍正七年（1729）之前，正是江西茶商的绯闻事件，揭开了改土归流设立普洱府的序幕。而普洱府的设立，则为江西客商提供了大展宏图的舞台，江西会馆则是江西各地客商联络乡谊、沟通信息的会聚之所。普洱府因茶而起，因茶而兴。在这片神奇的土地上，究竟还有多少江西客商的故事，等待着有缘人去追寻？

[史话篇]

檀萃《滇海虞衡志》茶文
背后的故事

普洱市孔明兴茶雕像

清代，普洱茶名重于天下。檀萃以其在《滇海虞衡志》中的一篇茶文为世人所重，短短的一篇文章，触及普洱茶史中的多个谜团。在檀萃撰文著述的背后，究竟有着什么样的故事呢？

檀萃，字岂田，一字墨斋，晚号废翁。安徽望江人。生于雍正二年（1724），卒于嘉庆六年（1801）。乾隆二十六年（1761）进士，曾任贵州清溪县知县，后丁父忧归乡。乾隆四十三年（1778），以补云南禄劝县知县到滇，曾经两度任禄劝县知县，一度代理元谋县知县，所在均有政声。乾隆四十九年（1784），奉命解运滇铜赴京，中途失事，沉铜六万余斤，并以管理铜厂亏缺铜一万余斤，为巡抚谭尚忠请旨革审，遂被参罢。后受聘主讲昆明育材书院及黑盐井万春书院，在滇凡二十年。檀萃学识渊博，蜚声士林，经学著作有《大戴礼注疏》《穆天子传注》《逸周诗注》，诗词类著作有《滇南草堂诗话》，方志类著作有《农部琐录》《华竹新编》《茂隆厂记》《滇海虞衡志》等。

《滇海虞衡志》十三卷，成书于嘉庆四年（1799），嘉庆九年（1804）由滇人师范付梓行世。该书是檀氏重要著作之一，檀氏《自序》中称为"土训"之书。所谓"土训"，就是地方土地所宜及其生产物品的记载。是书仿宋范成大《桂海虞衡志》而成，不仅是书名，连分门别类的标目都是一样的。后世对于《滇海虞衡志》的评价毁誉参半。清代江西新昌胡思敬辑刻《问影楼舆地丛书》，即将此书收录，并于书末跋云：

"默翁此志，翔实远胜石湖。《金石》《草木》诸篇，尤关实用，非巧弄笔墨，好为藻饰以自矜者。"可见此书价值，早有定评。史学家方国瑜评述："惟成大多记见闻，萃多钞旧书，此其异，亦萃之不及成大也。""惟萃虽勤于著述，未能征验。所录虽资博闻，而无条理，议论多谬说，考校滇事，不尽可信。"对于此书的批评，言辞中肯。是故，对于此书的记述，应当辩证引用。

檀萃《滇海虞衡志》以类相从，从十三个方面择要勾画出了云南的自然资源、物产品类、工矿开发、手工商业以及边疆民族的概况，为后人了解清代中期以前的云南经济和物产，提供了很好的参考。在其成书二百余年后，仍为学界所推崇，有着历久弥珍的学术性与实用性。仅以道光《云南通志》中《食货志》所列云南物产为例，其中引用《滇海虞衡志》者多达一百五十余条，便是最佳的佐证。其中就包括"卷十一·志草木"中的一篇茶文，现将其摘录如下：

普茶，名重于天下，此滇之所以为产而资利赖者也。出普洱所属六茶山，一曰攸乐，二曰革登，三曰倚邦，四曰莽枝，五曰蛮崆，六曰慢撒，周八百里，入山作茶者数十万人。茶客收买，运于各处，每盈路，可谓大钱粮矣。

尝疑普茶不知显自何时，宋自南渡后，于桂林之静江军，以茶易西蕃之马，是谓滇南无茶也。故范公志桂林，自以司马政，而不言西蕃之有茶。顷检李石《续博物志》云："茶出银生诸山，采无时，杂椒、姜烹而饮之。"普洱古属银生府，则西蕃之用普茶，已自唐时。宋人不知，犹于桂林以茶易马，宜滇马之不出也。李石于当时无所见闻，而其为志，记及曾慥端伯诸人。端伯当宋绍兴间，犹为吾远祖檀倬墓志，则尚存也。其志记滇中事颇多，足补史缺云。

茶山有茶王树，较五茶山独大，本武侯遗种，至今夷民祀之。倚邦、蛮嵩茶味较胜。又顺宁有太平茶，细润似碧螺春，能经三瀹，犹有味也。大理有感通寺茶，省城有太华寺茶，然出不多，不能如普洱之盛。

倚邦山太上皇古茶树

看似一篇短短的小文，实则信息量极大，同时又牵扯出了众多的疑问，主要可以归纳为以下三个方面：普洱茶的起源、普洱茶的产地以及普洱茶的产业定位。

　　我们先来看一下普洱茶的起源问题。文中提到的"武侯遗种"一句，明显是有脱字。将该句与雍正《云南通志》对照，似是少了"莽芝"二字，除此外并无二致。相比而言，檀萃更倾向于普洱茶源于唐代。文中他引用了宋代李石《续博物志》的记载，实际上唐代樊绰《蛮书》就已有相关记载："茶出银生城界诸山，散收，无采造法。蒙舍蛮以椒姜桂和烹而饮之。"檀萃以宋代李石的记述批驳范成大等宋人的做法，实在是让人难以理解，难道范成大不比檀萃更了解宋代的实际情况吗？据李石的记载直接将西蕃饮用普茶的历史上溯到了唐代，恐怕是犯了本本主义的错误。且不说其时银生城所产之茶尚处于普洱茶的蒙昧时代，是否涵盖清代普茶产地尚存争议。

　　其次再来说说普洱茶的产地。在清代，主要就是六大茶山。六大茶山见诸史籍始于雍正《云南通志》。檀文记述六大茶山名称及赞誉"倚邦、蛮嵩茶味较胜"，与其相对照并无二致。

　　再次是普洱茶的产业定位。一是该文称普洱茶为"滇之所以为产而资利赖者""大钱粮"。对此，就连与他亦师亦友的师范都有不同的意见。师范在为《滇海虞衡志》所作序文中一语中的："夫滇之巨政，惟盐与铜。盐铜理，官民俱利；盐铜坏，官民俱敝。"放眼整个云南省，茶的产业地位与税收，完全比不上盐和铜。二是该文将普洱茶与顺宁太平茶、大理感通寺茶与省城太华寺茶相比，称这些茶皆不如普洱之盛，这个评价则十分准确。无论是史志的记载，抑或是文人的笔记都可以证实这一点。三是该文宣称六茶山，周八百里，入山作茶者数十万人。查阅雍正《云南通志》户口项下记述："普洱府，本府新设，俱系夷户，并未编丁。"雍正朝普洱府人口数据缺失，只能以道光朝普洱府人口数据为参照。道光《普洱府志》对普洱府下辖宁洱县、思茅厅、威远厅与他郎厅的户口有了明确统计，人口总数为 179388 人。普洱府更加重要的产业是盐，是故不能据此来判断入山做茶的人数。因为出产普洱茶的六大茶山归属于思茅厅的管辖，茶产业毋庸置疑是思茅厅的主导产业之一。府志记载思茅厅人口：土著 1016 户，内计大小男丁 2891 人；屯民 2556 户，内计大小男丁 7524 人；客籍 3105 户，内计大小男丁 9327 人。男丁总数为 19742 人。显而易见的是统计人口只列入了男性，实际人口肯定要多出不少。称普洱府的总人口为数十万可谓恰如其分，但对照思茅厅的总人口，檀文称"入山作茶者数十万人"则难免言过其实。六大茶山留存下来的碑刻也给出了一些佐证，乾隆六年（1741）修建蛮砖会馆留下的功德碑记述的捐资人数在 200 人以上，乾隆五十四年（1789）漫撒新建石屏会馆留下的石碑上捐建者的人数在 30 人以上。由此，不难想见六大茶山商贾云集的繁荣景象，但距文人笔下的夸饰相去甚远。而普洱茶的声名远比其产业地位要显赫，对此檀萃作出了精当的评述："普茶，名重于天下。"

檀萃《滇海虞衡志》所记茶文，后被师范《滇系》、道光《云南通志》、光绪《普洱府志》及李拂一《十二版纳纪年》等众多史志引用，其人、其文与普洱茶皆名重于天下。

每一个人都难免受限于所处的时代，无论古人还是现代人。

《滇海虞衡志》所记，大都取材于古书，把分列于浩如烟海的各种典籍中的相关资料进行汇编。这一繁重的工作极其耗费精力，但是为后学提供了极大的便利，可谓是功莫大焉。不足之处在于转录旧籍，每有出入，又未叙及资料来源，致难征核参证，也是其不足之处。我们无意指摘古人，实际上不独是书，这是许多古文献的通病。这一点，在是书所记的茶文中表现得淋漓尽致，由此才导致了剪不断、理还乱的公案。

檀萃生活在雍乾嘉时代，是书主要辑录的是其生活的时代往前之事。仅就其所撰茶文来看，也是如此。檀萃曾经任职云南地方官员，长期在滇教书育人，学问淹博，长于著述，他对于云南的茶事必然有所了解。与其同时代的文人，大都致力于钻研儒家经典，热衷科举，以图利禄，对于关乎民生日用、经济生产等方面研究和著述，少有人属意之。独檀萃能为人所不为，已经叫人赞叹感慨不已了。

檀萃自述其居滇数十年，以年届七十五岁的高龄在归途中编撰是书，以慰滇人之情，并作序于武昌黄鹤楼侧，以示终不相忘。其书成于嘉庆四年（1799），嘉庆九年（1804），由滇人师范付梓行世，这已经是檀萃的身后事了。不独文章千古事，普洱茶亦历久弥香。而今，借由普洱茶的兴盛，我们可以品读文章、怀念古人，亦可以品鉴普洱、感叹往事，继续书写人与茶的故事。

[史话篇] 嘉道时期普洱茶的故事

寻味普洱茶

倚邦老街

有清一代，普洱茶一直伴随着王朝的命运而起伏。康熙年间，普洱茶之名见诸史籍的记载。雍正年间，六大茶山进入清廷的视野。乾隆年间，普洱茶名遍天下。随着康雍乾盛世的结束，嘉道时期，普洱茶再度迎来命运的转折。

清嘉庆帝爱新觉罗·颙琰，生于乾隆二十五年（1760），驾崩于嘉庆二十五年（1820），庙号仁宗，谥号睿皇帝。三十六岁登极，在位二十五年，享年六十一岁。

清道光帝爱新觉罗·旻宁，生于乾隆四十七年（1782），驾崩于道光三十年（1850），庙号宣宗，谥号成皇帝。三十九岁登极，在位三十年，享年六十九岁。

让我们将目光投向六大茶山。道光《云南通志》《普洱府志》中的记述、茶山上遗存下来的碑刻佐证，使我们得以窥见嘉道时期的茶山状况。

嘉庆初年，车里宣慰司主导权纷争导致的战乱殃及茶山。大量外来民人被招募至易武茶山，至道光初年，人多地少导致的纷争不断。守土有责且有利可图，道光元年（1821）时任易武土司伍荣曾主持裁定，易武、易比两寨达成官议合约。次年裁定书下达，事关开垦茶园、完纳赋税、夫马杂项摊派。其人其事被镌刻在二比执照碑上，至今保存在易武茶文化博物馆。

相较于民人之间的纷争，官民之间的纠纷更为棘手。同样还是发生在伍荣曾身上，石屏籍客商张应兆等人为了争取自身权益，将伍荣曾一路上告至上级主管思茅厅、普洱府，

易武断案碑（易武茶文化博物馆藏）

乃至迤南道。署任普洱府知府兼思茅厅同知黄中位对案件进行了裁决。从裁决书的内容来看，肩负协办贡茶事项的易武土司可谓胆大妄为，在前任思茅同知罗登举的指使下，以二水茶充抵头水茶上贡，事发后被责令改正。此外还有以各种名目吃拿卡要的行为，诸如以傣族习俗"拴线"的名义吃鸡酒，苛索银镯，加派茶价，收取揉茶银，吃茶四担，总之是想尽一切办法给自己捞取好处。更有私设刑具、妄拿无辜等不法行为。虽然判决结果有利于原告张应兆等人，却依然无法消除他们的疑虑，是以道光十八年（1838）立碑为记。这块易武断案碑同样为易武茶文化博物馆所藏。

道光十六年（1836）至十八年（1838），为了在横亘于易武与倚邦之间的磨者河上兴建一座永安桥，可以说是兴师动众、大费周章。这项工程牵扯到了众多人物，有署任思茅厅同知成斌、车里宣慰使刀正综、易武土司伍荣曾、倚邦土司曹铭等一干大小流土官弁，还有附贡赵良相、王贺、翟树旗，武举封奏凯等思茅地方头面人物，亦有石屏籍客商王乃强、贺策远、何镛、何超等人。官商士绅等各方面的力量会聚，共同出钱出力，历经七年的漫长时间，建成了永安桥。成斌专门撰写了《永安桥碑记》，将事件完整地记录了下来。建造永安桥的过程中，易武土司伍荣曾十分积极主动，并提议集资建桥，收费偿工。并声称其母房氏受其感召捐资以助，但最终其母并没有出现在碑刻上的捐资人中，很有可能并未

易武永安桥碑（易武茶文化博物馆藏）

兑现承诺。永安桥建成不过数年，就被洪水冲毁，无数人心血凝结的成果付诸流水。而今，只余收藏于易武茶文化博物馆的永安桥石碑，其碑文记录下了这一段往事。

六大茶山中，莽枝、革登、倚邦与蛮砖茶山归属于倚邦土司治下。嘉道时期，倚邦土司下辖的四座茶山是怎样的情形呢？

六大茶山中，莽枝茶山于康熙年间已经见于史志的记载。雍正年间，莽枝茶山头人麻布朋事件引发了改土归流。乾隆年间，莽枝茶山的记述鲜少。而今在莽枝茶山的密林深处，莽枝大寨的一处庙址犹存，遗址上留存有一方嘉庆二十一年（1816）所立的石碑。年深日久，历经风雨侵蚀，石碑上的

大多数文字已经漫漶不清，残存的文字大都是捐资人的姓名，人数众多，捐资数额不菲。由此不难想见嘉庆年间的莽枝茶山客商云集的景象。

《版纳文史资料选辑》第四辑的彩页中有一张图片，图注为"道光年间倚邦彭绍祖等头目预卖茶叶的立约"。从预卖立约中可以看出，印官曹佐尧统通山头目通过预卖茶叶补公务所需。立约时间为道光二十六年（1846），但在次年却没有如约还款。

道光二十八年（1848），由于屡遭火灾、瘟疫，人丁"三殁其二"，应征的贡茶、钱粮无法完成。倚邦土司曹瞻云将事情原委上禀主管思茅厅同知吴开阳，复经召集倚邦通山头目会议商讨应对策略，结论是因地制宜进行税费改革，在衣食仰给茶山的倚邦，从茶叶交易环节按担抽收税赋。这实际上仿照的是早有先例的易武税赋方式，但税收负担较易武几乎重了四倍。在茶山纳税交银，到思茅交税费凭证，然后转运销售各方。谕告倚邦治下官民照此执行，违者将追究责任。道光二十八年（1848），时任

倚邦保全碑（倚邦贡茶历史博物馆藏）

倚邦土司曹瞻云遵刻勒石。如今石碑保存在倚邦贡茶历史博物馆。

将上述茶约与碑刻内容对照后不难发现，贡茶、钱粮负担沉重，作为倚邦通山头目尚且无力完纳，平民百姓更是生活在水深火热之中。

据易武高发倡先生收藏的象明倚邦《恒盛号茶庄手记账》中记载：嘉庆初年，倚邦已有庆昌茶号、瑞祥茶号、盛丰茶号等，嘉庆四年（1799）开设恒盛茶号，嘉庆五年（1800）顺昌号、杨兆兴茶号开张，道光三年（1823）陈利贞茶号开业，同年嶍崆熊盛弘、秦佩信两号迁倚邦。道光二十五年（1845），盛行瘟疫，倚邦恒盛号与倚邦陈利贞、架布陈慕荣同行各归故里。

道光二十八年（1848），普洱府属思茅厅治下倚邦土司地屡经火灾，瘟疫肆虐。加之税费负担重，茶号关门歇业，茶商回归家乡，徒留茶山上的百姓苦苦挣扎，煎熬度日。

道光《云南通志》援引的《思茅厅采访》是官方为编纂志书派专人实地考察收集的资料，其中记述的六大茶山是倚邦、架布、嶍崆、蛮砖、革登与易武。

种茶时注重土性与管理。"气味随土性而异，生于赤土或土中杂石者最佳，消食、散寒、解毒。""种茶之家，芟锄备至，旁生草木，则味劣难售。"

采茶时注重嫩度与时令。"二月间开采，蕊极细而白，谓之毛尖。""其叶少放而犹嫩者，名芽茶；采于三四月者，名小满茶；采于六七月者，名谷花茶。"

制茶时注重工序与细节。"采而蒸之，揉为茶饼。""将揉时，预择其内之劲黄而不卷者，名金月天；其固结而不解者，名疙瘩茶，味极厚，难得。"

茶有着不同的形态与品类。"大而圆者，名紧团茶；小而圆者，名女儿茶。其入商贩之手，而外细内粗者，名改造茶。"

茶的储存十分讲究。"或与他物同器，即染其气而不堪饮。"

道光《云南通志》还援引了阮福所撰《普洱茶记》。阮福为道光年间署任云贵总督阮元之子，文中关于贡茶案册的记述十分珍贵。"每年进贡之茶，例于布政司库铜息项下动支银一千两，由思茅厅领去转发采办。""其茶在思茅本地收取鲜茶时，须以三四斤鲜茶，方能折成一斤干茶。"可见有先收取鲜叶，然后再行加工的情况。"每年备贡者，五斤重团茶、三斤重团茶、一斤重团茶、四两重团茶、一两五钱重团茶，又瓶盛芽茶、蕊茶，匣盛茶膏，共八色。"八色贡茶的形制是固定的，团茶五种，散茶两种，可以收取鲜叶加工，也可以直接收取成品。具体事项交由倚邦土司承办、易武土司协办。茶膏应该是二次加工而成。八色贡茶盛装在专门置办的锡瓶、缎匣、木箱中备贡。

文献中记载的贡茶是最理想的状况，可说是普洱茶品质与声誉的担当，而实际上存在二水茶充抵的情况，即便尊贵如皇帝，也有可能被属下蒙蔽。贡后方许民间贩售的商茶已经开始采用外细内粗的拼配工艺，当时被称作改造茶。

从道光《普洱府志》中的普洱府城池图可以看到，有石屏会馆、江西会馆、临安会馆、陕西会馆、盱江会馆等。参照嘉道时期六大茶山上遗存下来的碑刻，我们可以看到石屏、江西等地客商的身影。以利益为导向，乡情为联谊，信仰为纽带，石屏商帮、江西商帮当是此际普洱茶舞台上的主角。石屏商帮以奉祀关帝为主，江西商帮奉祀的有许真君、萧公与观音。宁洱县江西会馆留存有一块嘉庆十二年（1807）的大士碑，为后人留下了历史佐证。值得一提的是江西人李熙龄，道光三十年（1850），其在署任普洱府知府期间编纂了《普洱府志》，其中记载了众多关于普洱茶的珍贵史料。

乾隆五十九年（1794），云贵总督富纲两次向皇帝进贡普洱茶，云南巡抚费淳也进贡过一次普洱茶。嘉庆三年（1798），富纲再度被授任云贵总督职务，不久后其贪污索贿的行为暴露。署两江总督费淳、署浙江巡抚阮元都在查处富纲的不法行为中出了力。嘉庆皇帝下旨将富纲处决。

道光六年（1826），清廷调阮元任云贵总督。莅滇后，阮元即着手修纂《云南通志》，至道光十五年（1835），通志大致编纂就绪。通志中涉及普洱茶的记述非常珍贵，尤其是收入的阮福《普洱茶记》一文，成为后世之人宝爱的文献。阮元为官清廉，素好饮茶，其留下的茶诗与其子的茶文，勾勒出一幅其乐融融又富诗情画意的景象。

阮福赞誉普洱茶名遍天下，味最酽，京师尤重之。云贵总督、云南巡抚上贡清廷的普洱茶深受皇帝的青睐。据中国第一历史档案馆藏《宫中杂件》的记述：嘉庆二十五年，皇帝、皇太后每日饮用普洱茶，赏赐臣下、外藩、外国使臣普洱茶，祭祀供奉使用普洱茶。

　　嘉庆皇帝在位 25 年，史家评论其为平庸天子。嘉庆朝是清朝由盛转衰的时代。道光皇帝接任后，在位 30 年，作为庸暗天子，他对禁烟运动的失败、鸦片战争的失败、签订丧权辱国的《南京条约》负有主要的历史责任。清帝国衰败的命运已然写就。

　　嘉道时期，贵为九五至尊的天子依然能在深深的宫阙中品饮普洱茶，偶有清廉的封疆大吏亦可在督署花园中诗话普洱茶，地方官员勉为其难筹划贡茶事项，六大茶山的普洱茶依旧是民害。普洱茶商出入蛮烟瘴雨之乡，四下转运贩售茶叶谋求生计。内外交困，风雨飘摇，危机中孕育出新的商业萌芽，众多的茶号接连诞生，肩负起时代的使命，沿着无尽的茶路行走四方，在大地上书写出一个个充满传奇色彩的故事。

[史话篇]

阮福《普洱茶记》
背后的故事

易武镇

有清一代，普洱茶名遍天下。文献典籍的记载中，阮福以一篇《普洱茶记》孤篇横绝，为世人所重。既往的探讨多集中于文本内容，对于阮福撰写《普洱茶记》的背景与缘由所知甚少。那么，在阮福所撰《普洱茶记》的背后，究竟有着什么样的故事呢？

阮福，字赐卿，号喜斋、小琅嬛，阮元次子，江苏仪征人。生于嘉庆六年（1801），卒年有说光绪元年（1875）的，有说光绪四年（1878）的，不详。曾受业于江藩、凌曙之门，通于经学，且博雅好古，素禀庭训。早岁"不愿习举子业"，随侍父亲游历两广、云贵等地，晚乃候选郎中，外简甘肃平凉府、湖北宜昌知府，三署湖北德安府知府，兼德安清军同知。著有《孝经义疏补》《小琅嬛丛记》《两浙金石志补遗》等，还参与编撰了《揅经室外集》《四库未收书提要》等书。

阮福出身显赫，家境优渥，宦海有迹，学术有成。但无论其为学、为官，都难望其父之项背，是故，关于阮福的研究少之又少。若非近年来普洱茶市场热络，普洱茶文化研究方兴未艾，且阮福所撰《普洱茶记》成为爱茶人研读的宝典，其人其事难免沦于湮没无闻的境地。历史的发展就是如此的出人意料，阮福竟因普洱茶的缘故而进入后世视野。

阮福的生前身后，盖为其父阮元的光芒所掩盖。阮元（1764—1849），字伯元，号芸台，又号揅经老人、雷塘庵主，谥号文达，江苏仪征人，清朝名宦，一代学人宗师，乾嘉学派殿军和总结者。历仕乾隆、嘉庆、道光三朝，曾任浙江巡抚、两广总督、云贵总督等职，人称"三朝元老，九省疆臣"。从政之余，学术成就卓著，在经学、文学、史学与文化教育方面皆有成就。与其为官、为学的卓著成就相比，其家庭生活则颇多挫折。阮元娶妻纳妾多人，正室江夫人生女阮荃，然而在阮元二十九岁的时候妻女双亡。继室孔夫人生子阮凯，三岁时夭折；生女阮安，二十岁卒。可见在那个时代，即便如阮元这般官宦之家，生养儿女也颇为不易。正室江夫人亡故时，族子阮常生过继为长子成服。阮元三十八岁任浙江巡抚，侧室谢氏生子，出生之日，适逢阮元得御赐"福"字等物，遂名之"福"。此后，侧室刘氏生子阮祜；孔夫人生子阮祎，后改名孔厚。

阮元中年得子，阮福虽然是庶出，仍然深受其父疼爱，人如其名，衔福而生。阮福家学深厚，受教于名家，自幼随父亲职务调动广游神州，学识眼界俱佳。父子感情甚笃；得益于父亲的言传身教，学问雅好均深受其父点染。道光六年（1826）阮元任云贵总督，阮福随侍同行。次年，"以大臣之子，理当纳赀"，阮元为其子阮福捐纳郎中。道光八年（1828）秋，阮元指导其子阮福撰《滇南金石录》，堪称云南第·部金石文献专书。

阮元为官清廉，每逢生日，则往山寺、学堂或花园避居，谓其曰"茶隐"。阮元自述其茶隐源于乾隆五十八年（1793）皇帝分赏近臣留侍茶宴。自其任浙江巡抚起，逢生日则有茶隐之举，用以避寿，成为常例。道光三年（1823），阮元任两广总督，适逢六十寿辰，作《竹林茶隐图》并题诗。阮福服侍父亲左右，常为其父汲泉烹茶，阮元以《福儿汲得学士泉，煮茗作诗，因再题〈竹林茶隐图〉中》题诗咏记。

阮元任云贵总督期间，作有茶诗多首，其中多有以茶隐庆生之作。道光七年（1827），阮元生辰，又在《竹林茶隐图》上题诗。阮福烧松枝煮水烹茶，并奉父命以同韵赋诗以和，诗中描述了一家人赏雪品茶的清雅韵事。道光十年（1830），阮元六十七岁寿辰，避客于署东宜园。园有丛竹、寿梅、寿柏，是时梅初落、杏盛开、桃李初开，春色正盛。仙馆前有双鹤。阮福邀请百四岁寿叟刘廷植、七十九岁王崧作陪，自己举觞侍茶，主宾共品普洱茶。阮元《正月二十日偕刘王二叟竹林茶隐》有句曰："儿辈烧松烹洱茶，竹亭炉烟风细细。"阮福绘图以记其事，图内中坐者为刘寿叟，刘左为王崧，刘右为阮元，侍立于身后的为阮福的两个孩子恩光、恩山。一派主宾相洽、其乐融融又风雅的情形跃然纸上。

嘉庆二十二年（1817）八月，阮元补调两广总督。次年，奏请纂修《广东通志》，其本人亲任总裁，于道光二年（1822）成书。因其体例谨严、史料翔实、规模宏富而成为有清一代省志纂修之范式。道光六年（1826）九月，阮元任云贵总督，任上修纂《云南通志》，成稿于道光十五年（1835）。题名为阮元、尹里布监修，王崧、李诚主纂。王崧，云南浪穹（今洱源县）人，白族，嘉庆己未进士，该科总裁为阮元。道光《云南通志》，共216卷，分装112册，全书列13个总目，

68个子目。这部书篇幅庞大，内容丰富，体例完备，详略适当。史学界一致认为，这是现存10部云南通志中最好的一部。道光《云南通志》卷七十《食货志》"普洱府"项下引述了阮福《普洱茶记》一文。

阮福随侍父亲在云南生活期间，不独撰写有《滇南金石录》一书，亦有笔记体著作《滇笔》，后者于云南见闻多有记述。阮福所辑《小琅嬛丛记》二卷，收录《文笔考》与《滇南金石录》二书，有道光年间刊刻本。目前《滇笔》一书仅见于国家图书馆、云南图书馆所藏清代抄本，均为两馆庋藏之善本。上海古籍出版社《清代诗文集汇编》第610册收录有阮福《滇笔》影印本。或许因《滇笔》未曾刊刻的缘故，极少为世人关注。而阮福所撰《普洱茶记》一文正是出自《滇笔》一书。现将《普洱茶记》一文内容转录如下：

普洱茶名遍天下，味最酽，京师尤重之。福来滇，稽之《云南通志》，亦未得其详，但云产攸乐、革登、倚邦、莽枝、蛮嵩、慢撒六茶山，而倚邦、蛮嵩者味最胜。福考普洱府地，古为西南夷极边地，历代未经内附。檀萃《滇海虞衡志》云：尝疑普洱茶不知显自何时，宋范成大言：南渡后，于桂林之静江军以茶易西蕃之马，是谓滇南无茶也。李石《续博物志》称：茶出银生诸山，采无时，杂椒姜烹而饮之。普洱古属银生府，则西蕃之用普茶已自唐时，宋人不知，犹于桂林以茶易马，宜滇马之不出也。李石亦南宋人。

本朝顺治十六年平云南，那酋归附，旋叛伏诛。编隶元江通判，以所属普洱等处六大茶山纳地设普洱府，并设分防思茅同知驻思茅，思茅离府治一百廿里。所谓普洱茶者，非普洱府界内所产，盖产于府属之思茅厅界也。厅治有茶山六处，曰倚邦，曰架布，曰嶍崆，曰蛮砖，曰革登，曰易武，与《通志》所载之名互异。福又检《贡茶案册》，知每年进贡之茶，例于布政司库铜息项下动支银一千两，由思茅厅领去转发采办，并置办收茶锡瓶、缎匣、木箱等费。其茶在思茅本地收取鲜茶时，须以三四斤鲜茶方能折成一斤干茶。每年备贡者，五斤重团茶，三斤重团茶，一斤重团茶，四两重团茶，一两五钱重团茶，又瓶盛芽茶、蕊茶，匣盛茶膏，共八色，思茅同知领银承办。《思茅志稿》云：其治革登山有茶王树，较众茶树高大，土人当采茶时，先具酒醴礼祭于此。又云：茶产六山，气味随土性而异，生于赤土或土中杂石者最佳，消食、散寒、解毒。于二月间采，蕊极细而白，谓之毛尖，以作贡，贡后方许民间贩卖。采而蒸之，揉为团饼，其叶之少放而犹嫩者，名芽茶。采于三四月者，名小满茶。采于六七月者，名谷花茶。大而圆者，名紧团茶。小而圆者，名女儿茶。女儿茶为妇女所采，于雨前得之，即四两重团茶也。其入商贩之手而外细内粗者，名改造茶。将揉时预择其内之劲黄而不卷者，名金月天。其固结而不解者，名疙瘩茶，味极厚难得。种茶之家，芟锄备至，旁生草木，则味劣难售，或与他物同器，则染其气而不堪饮矣。

道光《普洱府志》引述《普洱茶记》一文开端，特意加有"郎中仪征阮福"的字样，郎中指官名，仪征指籍贯。阮福作为署任总督阮元的公子，身为阮元门生的王崧等志书主纂人等，对此应该非常清楚。

检视《普洱茶记》全文，其内容主要来自引述。一是援引雍正《云南通志》；二是引述檀萃《滇海虞衡志》；三是《思茅厅采访》；四是《贡茶案册》；五是《思茅志稿》。阮福在检校上述内容之后，作出了简略精当的评述。

雍正七年（1729）云贵总督鄂尔泰奉命纂辑，靖道谟总纂，成书于乾隆元年（1736）的《云南通志》，首开史籍收录六大茶山的先河。《思茅厅采访》是官方为编纂志书派专人实地考察收集的资料。阮福已经注意到六大茶山之名互异，缘自受战乱、灾荒、瘟疫等天灾人祸的影响，各个山头因茶而兴衰起伏，正是现实的写照。

道光二十年（1840）普洱知府郑绍谦编纂《普洱府志》，在其序中就曾提到："道光六年续修《云南通志》，奉檄采访郡人所辑四属志稿，择焉不精，语焉不详，究不足为善本。"可见普洱府属下宁洱县、思茅厅、威远厅与他郎厅彼时皆编纂有志稿，其中就包括《思茅志稿》，惜乎都没能留存下来。阮福《普洱茶记》中引述的《思茅志稿》与道光《云南通志》中与其同卷并存的《思茅厅采访记》内容大多相同，《思茅志稿》所多出"茶王树"语句似来自雍正《云南通志》，其中只有茶王树所在地是莽枝还是革登有别。

《普洱茶记》一文引述的文献中，当属《贡茶案册》最为珍贵。相较于雍正十二年（1734）云南布政使陈宏谋《再禁办茶官弊檄》的侧面佐证，作为官方档案的《贡茶案册》记述十分详尽。将其与北京故宫博物院研究员万秀锋等人编著的《清代贡茶研究》一书中的贡茶文档对照，几近一致。比对普洱市博物馆展出的云南巡抚沈廷正、张允随的贡茶进单，来自故宫博物院的贡茶实物，与此也是惊人的吻合。阮福作为时任云贵总督阮元的公子，适逢其父主持纂修道光《云南通志》，有机会接触到各种文献资料，这是说得通的。

回顾阮元、阮福父子的经历不难发现，其与茶的渊源深厚。饮茶素来都是文人士大夫的清尚。如阮元所述，在其三十岁时蒙受乾隆皇帝青睐得以参加皇家茶宴，成为其以后历任巡抚、总督等高官后以茶隐庆生的缘起，并伴随其度过后半生。署任云贵总督期间，阮元担负有向皇帝进贡普洱茶的职责。深受其父影响的阮福，汲泉煮茗以奉其父。更在阮元六十七岁那年，邀请其父的门生王崧、寿叟刘庭植作陪庆生，相聚督署东宜园，共品普洱，题诗作画，茶隐度日。阮福所撰《宜园茶隐三寿作朋记》一文详记其事，其文收入《滇笔》一书中。

由此，《普洱茶记》一文入选道光《云南通志》已经是再顺理成章不过的事情了。这既是对阮福学识的认同，也难免掺杂有王崧等人的个人情感在内。阮福的幸运自不待言，后世之人也分享了这份幸运。

道光十五年（1835）阮元离滇赴京"补授大学士，管理兵部事务"。是年，道光《云南通志》修成刊行。明清两代的云南省志中，公认其为内容最详、体例最好的一部。时隔近两百年，仍然让人为其博大精深的内容所叹服，更能从中感受到满卷的普洱茶香。

道光十八年（1838）阮元七十五岁，上谕准其以大学士致仕，奏请回籍养老。此后，他在扬州度过晚年，其爱子阮福陪伴左右。道光二十九年（1849）阮元八十六岁，终老于扬州康山私宅。道光皇帝在祭文中称他："极三朝之宠遇，为一代之完人。"

阮元身后，阮福丁忧三年，其仕途从中年开始。此后，约略的记载显示出阮福的人生轨迹，出任甘肃平凉府知府、湖北宜昌府知府、湖北德安府知府等职。失去了父亲的荫蔽，关于阮福的记述鲜少，就连其卒年都语焉不详。

每逢到访普洱市，辄往普洱市博物馆参观。每当看到有人对着橱窗中展示的大普茶、女儿茶发出由衷的感叹时，脑海中总会不由自主地浮现阮福《普洱茶记》背后的故事。故事内外，世事浮沉，唯有与人相守相伴的普洱茶，馨香如故。

普洱号级茶庄
背后的故事

寻味普洱茶

易武老街风貌

过往十数年间，赴云南访茶，无数次行走于六大茶山，那些散落在茶山各处的碑刻文物，那些遗留下来的普洱号级茶庄遗址，每每让人驻足凝视。那些代代相传的故事，那些散见于各类书籍文献中的记述，都为后人解读历史提供了珍贵的线索。

辛丑年春月，再次来到易武访茶。每次到访易武，大家都会在易武镇入口处的门楼下留影，这里已经成了普洱茶友的打卡胜地。据说这个飞檐斗拱的仿古式门楼是由一家普洱茶企捐资修建而成，自此地往易武镇方向，道路两侧都是鳞次栉比的新建筑。有些是投资修建的大大小小的普洱茶厂，更多的是近些年富裕起来的茶农买地修建的房屋，有些用作酒店、宾馆、客栈，有些用作餐饮饭店，最多的是作为经营普洱茶的铺面。一年当中除了茶季时接待客户，大多数时间都是闲置的，对比普洱茶带来的滚滚财源，租赁双方对于此项支出大都并不十分在意。

从易武主街与麻黑公路交叉口开始，就进入了易武主街最繁华的路段。穿越熙熙攘攘的人流，从易武街右转上易平街。沿着一个慢坡往上走，在靠近广场的位置，有一溜二层瓦房。这排茶庄铺面原是光绪二十七年（1901）同昌号、宋聘号两家合伙修建而成，现在分属于三户人家。靠边的一家门口竖了块全国重点文物保护单位同昌号石碑，大多数时候石碑前面都堆满了杂物，或者是停放着摩托车，不留神细看的话，几乎不会注意到石碑的存在。靠着另外一边的铺面，已经重新翻修过了，被租赁给了现在的守兴昌号。如今的守兴昌号早已经换了主人，这在号级茶庄的历史上是再寻常不过的事情了。

易平街、武庆街与老街子的交会处是一个广场，一侧的瓦房原是石屏会馆的遗址，几经修复后，如今作为易武茶文化博物馆，馆内收藏了众多碑刻文物；紧邻博物馆，又在加盖房屋，看起来像是要扩大规模，果真如此，不啻为福荫之地。

穿过小广场，沿着武庆街的石台阶往下走，前方不远处就是车顺号旧址。许多年前，曾经闲游至此，车家的一位老人家没好气地说："拍照十块。"最后还是家里的年轻人出来打圆场，才化解了尴尬的局面。这是老街为数不多有老茶

易武车顺号

号后人居住的宅院。此后，我们都只是顺道参观一下门口竖立的全国重点文物保护单位车顺号石碑。沿石板道继续往下走，来到君利祥号老茶庄原址，门口多了一块勐腊县重点文

易武君利祥号

物保护单位石碑，这所宅院几乎是老街保护最为完好的老茶庄旧居。同行中有人好奇地从大门口向院子里张望，只看到一位老人家背对着我们坐在堂屋里看电视。"老板，这里不给拍照的哦。"循着声音望过去，这才注意到屋檐下荫凉处一位正忙着拣茶的阿婆扬声提醒我们。想想也是，每年茶季无数人怀揣朝圣般的心情来到老街，参观过后转身就去各村寨买茶去了，除了喧闹和叨扰之外，几乎没有给居住在老茶号旧居中的人家带来任何收益，久而久之，也就难免不受人家待见了。

易武福元昌号

沿着石板道兜兜转转来到福元昌号原址，陈升号在旁边修建了一所气派的仿古宅院，早年间我们也曾受邀黄夜前往品茶，感觉十分美好。福元昌号原址门前也多了块勐腊县重点文物保护单位石碑。就在我们犹豫着要不要敲门的时候，厚重的木门打开了，看护宅院的一位大哥热情地邀请我们进去参观。眼前的福元昌号的房屋同以往的记忆有所不同，显然是按照修旧如旧的方式重新翻建过。室内按照以往的传统陈设，墙壁上还有福元昌号的图片、文字介绍。其中一间经过改造，成了舒适的品茶室。带领我们参观的大哥有些抱歉地说："你们来得有些早，茶艺师还没有上班，不然的话，可以请你们在此喝喝茶。"这已经是我们在老街参观老茶号旧址时所受到的最热情的接待了，足以让人心满意足了。

穿越老街狭长的巷道，一路经过守兴昌号、同兴号、元泰丰号老茶庄旧址，每个宅院里都有人家居住，多了烟火气息的老街也因此有了生机。老街巷道入口处，连在一起竖立着同兴号、守兴昌号两块全国重点文物保护单位石碑，其中守兴昌号的石碑还漏刻一个"昌"字，不知是有意为之，抑或是无心之失。

十多年前，易武老街还大致保留着原有的风貌。而今，只有残余的老茶号旧居夹杂在一栋栋拔地而起的楼宇间。抚今思昔，恍似换了人间。无数人发出过感叹："如果当年将易武老街整体保护下来，那该是何等让人向往的景象啊！"只是一切都回不去了，就像那些或声名显赫，或默默无闻的老茶号，有些像流星一样滑过天空消失不见，有些换了主人再次焕发出生命力，有些依旧由后人默默坚守祖业。

易武老街附近公家大园的大青树底下，竖立着一块全国重点文物保护单位云南茶马古道勐腊段石碑。驻足于此，耳畔仿佛回想起马帮

茶马古道易武段

的铃声，那些消逝在岁月深处的普洱老茶号的人和事，宛若在眼前重现，无声地诉说着一段段过往的传奇故事。

普洱茶的故事要从康熙年间说起。三藩之乱被平定后，云南真正纳入了清廷大一统的中央集权治下。名义上，在元江府的治下设立普洱通判管辖普洱产地。实际上，普洱茶产地依然归车里宣慰司管辖。康熙《云南通志》《元江府志》先后记述了普洱茶，意味着普洱茶进入了官方的视野。然而，无论是元江府，抑或是车里宣慰司，对茶山的统领都鞭长莫及，以至于其地常常为流寇盘踞。康熙末年，时任云贵总督高其倬的奏报中，已经提及客贾商民被迫向匪帮缴纳保护费，茶叶按驮抽税、井盐按日交课。外来商民以身犯险进入茶山谋生有着特定的社会背景，康熙皇帝是康雍乾盛世的奠基者，他将人丁税固定在康熙五十年（1711）的水平，这造成中国人口的快速繁衍与有限的土地生产力之间的矛盾。由此促使云南省内外的商民向茶山流动，开发农业，并孕育出普洱商业形态的雏形。

雍正年间，清廷进一步加强了中央集权统治，以麻布朋事件为导火索，清廷改土归流设立普洱府。由此，六大茶山进入雍正《云南通志》的记载，普洱茶开启了作为贡茶的历史。雍正实行"摊丁入亩"，中国长期以来的人丁银被免除，减轻了百姓负担的同时，也刺激了人口的增长。改土归流设立普洱府之初，云贵广西总督鄂尔泰制定的茶政不利于外来商民的利益，他们被迫暂时退出了茶山。江西客商在普洱府治所所在地宁洱县建立江西会馆，在思茅厅建立万寿宫，继续从事商业经营活动。其后接任总督的尹继善、张允随先后调整茶政，至迟在乾隆初年，石屏等地的外来客商势力再度在茶山站稳了脚跟。乾隆六年（1741），蛮砖会馆功德碑留下了珍贵的佐证。乾隆十三年（1748），时任倚邦土千总曹当斋将上年云贵总督张允随的茶政条文刻在石碑上，晓谕官

重修万寿宫碑（思茅区文化馆馆藏）

商民等遵照执行。社会的安定，茶政的修正，都为外来客商提供了良好的外部生存条件。创业伊始，外来商民的资本尚且处在原始积累的阶段，这从普洱府江西会馆的碑刻、蛮砖会馆功德碑上所列人名下的捐资数额可见一斑。

历经康雍乾盛世，乾隆时期人口达到 3 亿，移民浪潮和商贸活动进一步繁荣。外来客商历尽千辛万苦开创基业，积累资本，终于将根基深植于六大茶山的土地上。乾隆五十四年（1789），新建漫撒石屏会馆碑记上记录下慷慨解囊的众人的姓名和捐资数额。易武土司、车里宣慰司在乾隆五十一年（1786）与乾隆五十四年分两次下发给外来商民执照，确定他们的土地所有权。这意味着外来的商民不仅在商业上扮

演重要角色，并且在当地拥有了在封建时代最为重要的土地资源。

嘉庆年间，宁洱县江西会馆遗存下来的碑刻印证了江西客商依然活跃于此。莽枝茶山上留存下来的碑刻，依然可以看到江西客商的身影。而在六大茶山各处，占据主导势力的当属石屏籍客商。此际，诞生了对后世普洱茶产业影响深远的商号。嘉庆初年，倚邦已有庆昌茶号、瑞祥茶号、盛丰茶号等，嘉庆四年（1799）开设恒盛茶号，嘉庆五年（1800）顺昌号、杨兆兴茶号开张。普洱茶号自此登上了历史的舞台。

康雍乾盛世的每一任皇帝，都是富有才能且又勤政的统治者。然而伴随着人口的快速繁衍，根植于农业的国民经济受到了严重的挑战。即便是雍正皇帝进行了积极的财政制度改革，也只能解一时之急，到了乾隆末期，最终遭遇到了彻底的失败。嘉庆年间，是帝国命运由盛转衰的阶段。正是在旧有的经济体制行将崩溃的时期，孕育出了商品经济的新形态，普洱茶号就是这一历史时期的产物。

道光时期，人口突破了4亿。封建王朝的政治经济体制已经无法满足社会发展的需求，清廷的帝制正在无可挽回地走向衰败。道光皇帝禁烟运动失败，鸦片战争失败，签订丧权辱国的《南京条约》。西方侵略者用武力打开中国的国门，中国被动卷入资本主义世界市场。

清朝自此丧失了四海清平的安定局面，经济形势不断恶化，百姓的生存状态岌岌可危。危机四伏的时代背景下，普洱茶商号艰难探索生存发展道路。道光三年（1823）陈利贞茶号开业，同年嶍峨熊盛弘、秦佩信两号迁倚邦。道光《普洱府志》府城地图中标注的石屏会馆、江西会馆、临安会馆、陕西会馆、盰江会馆，佐证了商贸经营活动依然在进行。政治、经济形势已属恶劣至极，天灾、人祸更是如影随形，史志中的记述不胜枚举。六大茶山

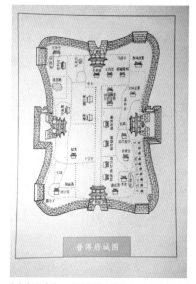

道光年间《普洱府城图》（普洱市博物馆展品）

上遗存下来的碑刻，记述了各地茶商、客民的事迹。为了谋求生存，易武、易比两寨接受官方裁定，达成官议合约。道光初年易武二比执照碑留下了记述。为了谋求自身的权益，易武石屏籍茶户以民告官，幸而获得胜诉。道光十八年（1838）易武断案碑记述了这段历史。道光二十五年（1845）盛行瘟疫，倚邦恒盛号与倚邦陈利贞、架布陈慕荣同行各归故里。

　　咸丰年间清廷陷入了内忧外患的境地，外有英法联军入侵，圆明园被焚掠；内有太平天国运动兴起，战火燃及十余省。云南省内，大理杜文秀起义，自咸丰至同治年间，战火几乎遍及全滇。普洱府城、思茅厅城、车里宣慰司以及六大茶山等地民生凋敝，夷民百姓流离失所，生灵涂炭。

同治年间属于短暂的社会缓冲时期，抓住这难得的机遇，普洱茶号再次涌现。同治四年（1865），江西籍赵开乾恢复利贞号茶庄，改名为乾利贞号。同治六年（1867），宋寅生于倚邦创建宋寅号茶庄。石屏籍高敬昌、高吉昌于同治七年（1868）在象明创办同昌号。同年宋聘荣于倚邦创立宋聘号茶庄。

　　光绪年间，中法战争后，签订《中法新约》；甲午中日战争后，被迫签订《马关条约》。光绪二十一年（1895），法国逼迫清廷把普洱府境内的勐乌、乌德等地划归法属越南。国家、民族的生存形势不断恶化，地处边疆的云南更是灾难深重。受尽磨难的茶山夷民百姓，挣扎在水深火热之中。光绪《普洱府志》中的记述，字里行间都流露出惨淡的底色。种茶为生的夷民百姓，不时会受到猛兽的侵袭，危及生命。贩茶为生的商人，出入蛮烟瘴雨之乡，时常遭逢不测。倚邦茶山遗留的止价碑记载的史实更是字字锥心。受雇于绅商的雇工，亡故后连基本的补偿也得不到，更是让人觉得人命如同草芥。

　　商人们秉承坚韧不拔的精神，继续在险恶的生存环境中谋求机遇，接连诞生的普洱茶号展现出惊人的生命力。光绪四年（1878），楚雄籍崔元昌于倚邦创建元昌号茶庄。光绪十年（1884）前后，刘顺成于易武创建同庆号茶庄。光绪十八年（1892），石屏籍李开基于易比创立安乐号茶庄。光绪二十年（1894），宋世尧于倚邦创立宋庆号茶庄。约在光绪二十三年（1897），石屏籍向质卿于易武创立同兴号茶庄。光绪二十六年（1900），车顺来于易武创立车顺号茶庄。光绪三十一年（1905）前后，石屏籍吴镇先于易武创立元泰丰茶庄。

梳理清代普洱茶的历史不难发现，普洱茶在康雍乾盛世的开端兴起，伴随着王朝的兴盛，以江西籍客商为代表的云南省外客商，以石屏籍客商为代表的云南省内客商，深入到普洱府城、思茅厅城以及六大茶山，通过贩茶、种茶，积累原始资本，再度投入经营。为了能够在异域他乡立足，外来商帮在普洱府城、思茅厅城及六大茶山建立会馆，将自身的神祇信仰、宗族礼法、生活习俗等汉族文化引入边疆，促进了民族与民族之间、文化与文化之间的交流与融合。他们借助于来自同乡的官僚势力寻求庇护，结交普洱府地方流、土官员扩展人脉资源，尽心尽力培养自家的子弟，尽最大可能争取自身群体的利益，热心襄助建桥、修路等公益事业，投身于普洱茶事业，创办了众多普洱茶商号，书写出波澜壮阔的普洱茶商业发展史。

清末，普洱茶商号在商品经济领域取得了不凡的成就，经济地位较高。彼时政治体制仍然是封建帝制，政治地位不但决定了社会地位，反过来也能给予经济地位以荫蔽。就普洱茶号来看，政治地位与经济基础同样有着密切的关联。同治十年（1871），石屏籍向逢春考中武进士，后来成为身居高位的武官。向逢春次子向维义（字质卿）荫六品衔。在向

向质卿方茶（中国茶叶博物馆展品）

逢春去世后，向质卿守孝三年期满，于易武创办同兴号茶庄。由北京故宫博物院留存至今的普洱贡茶中就有向质卿方茶。或许正是因为他所拥有的身份，为其所制之茶顺利进入宫廷提供了间接的支持。易武同昌号黄家珍的弟弟黄席珍于光绪二十一年（1895）考中武进士，随后黄家在易武修建的房前安放了一对石狮子，显示其武将之家的身份。随着黄席珍官位上升，他为哥哥黄家珍请了一个四品衔蓝翎监生的官衔，同昌号黄家也成了有官家背景的商人。明清时每年或每二三年自府县学中选送廪生升入国子监读书，称为岁贡。光绪《普洱府志》"选举志"项下记载道光二十六年（1846）李开基为岁贡。岁贡是从生员中选考的，算是正途出身。光绪初年，同庆号刘顺成通过捐纳取得贡生资格，也称例贡进士。光绪二十九年（1903），在外做官的刘葵光向皇帝申请，追赠其父刘顺成为奉直大夫。同年，袁嘉谷考中进士，参加经济特科考试，获一等第一名。有清一代，只开过三次特科，袁嘉谷是第三次特科第一名。由此，云南人将他视为状元。此际，袁嘉谷家族成了乾利贞号经营者，乾利贞号自然也沾染到了恩惠。无论是通过科举考试做官获取政治势力的荫蔽，抑或是通过纳捐获取名义上的官职虚衔，给普洱茶号主家带来的好处是显而易见的。从早期乡亲互相帮扶从事种茶、制茶、贩茶，到中期以家族为单位创建茶号，再到后期攫取政治资源，普洱茶商帮走上了谋生、发展的商品经济之路。

进入民国时期，普洱茶号蓬勃发展。辛亥革命爆发后，袁嘉谷去官回归原籍。乾利贞号与宋聘号已经合并，通过联姻的方式，不断将商业版图扩大。1925年，同兴号向质卿将易武茶庄交由长子向式谷打理，向式谷曾担任易武镇镇长、易武商会会长，家族生意红红火火。前清遗老刘葵光后来接替向质卿易武商会会长的职务，因为热心公益，修建桥梁，获得地方政府颁发的"见义勇为"木匾一块。1947年，刘家与麻黑杨家矛盾激化，相互仇杀致死伤多人。除开延续自清季的茶庄，亦有众多新开的茶号。

普洱茶号早期主要诞生于倚邦、易武等处，伴随普洱茶商业版图的不断扩大，思茅、佛海等地的茶号、茶庄纷纷建立。放眼云南省内，省城昆明、下关、景谷等地的茶号、茶庄不断涌现。方圆形的普洱茶、蘑菇形的紧茶、窝窝头状的沱茶等各类产品相互竞争，新的时代已经来临。

普洱方茶（普洱市博物馆展品）

变革的时代，促生了新的商业形态。1938年，云南中茶公司成立。1939年，顺宁茶厂成立。1940年，佛海实验茶厂成立。1941年，下关康藏茶厂成立。在当时，相较于众茶号而言，无论是品牌知名度、制茶工艺水平与市场占有率，这些新建的公司、茶厂都只能算是新兴力量。恐怕任谁也无法预料到，这些新兴力量开启了新的历史篇章。

1949 年，新中国成立了。普洱茶号的命运也随之改变。1954 年，全面开展私营茶叶企业的社会主义改造，至 1956 年改造完成，实现了茶业全行业公私合营。就此，在云南省内，私营茶号彻底退出了历史舞台。在接下来长达近半个世纪的历史进程中，国营中茶公司及国营勐海茶厂、昆明茶厂、下关茶厂等企业担负起了发展普洱茶的历史使命。

进入到 20 世纪 90 年代，民营资本再度进入普洱茶产业领域。伴随普洱茶文化的再度兴起，承载普洱茶厚重历史的老茶号再度引发人们的关注。或重新被人注册，或由茶号后人授权使用，或由老茶号后人重拾祖业，新时代的老茶号，借由时代赋予的机遇，再次焕发出生命活力。

而今，当我们重温普洱茶号的历史，不由得陷入沉思。普洱茶号遗存下来的普洱茶，无论价值多么昂贵，总归都是有价的。普洱茶号沉淀的文化价值，则是无价的，是更为丰厚的馈赠，给予后人深深的启迪。今天，当我们有幸品鉴到普洱号级古董茶，不独为其深沉的韵味所打动，更为普洱茶深厚的文化魅力所折服。无论是过往、现在抑或是将来，普洱茶都能够益养更多人的身心，拥有生生不息的生命力。

寻味号级古董普洱茶

「史话篇」

寻味普洱茶

易武同昌号

乙未年秋月，适逢普洱收藏家白水清先生到郑州举办普洱老茶品鉴会，就是在这次茶会上有幸第一次品鉴到了号级古董普洱茶。提前称好分量的一泡茶，包在黄色的牛皮纸袋中，标明是黄文兴老茶，重量是 15 克，签着白水清的名字。熟悉普洱号级茶历史的人都知道，光绪十六年（1890）黄家珍买下了从倚邦迁来易武经营的同昌号，并在后来将同昌号茶庄留给了长子黄文兴。1948 年，黄文兴在参与筹备反抗国民党暴动中遇难。品鉴着白水清先生亲手冲泡的同昌号黄文兴古董普洱茶，品味着普洱茶的历史，不由得让人对号级古董普洱茶深深着迷。

同昌号黄文兴古董茶

普洱茶的源流要追溯至康熙年间。康熙《云南通志》《元江府志》等史籍，还有刘源长《茶史》等文人著述开始记载普洱茶。由此可见，普洱茶在官方和民间已经引起了关注。或许由于这时的普洱茶非常罕见，所以在社会上享有颇高的声誉。记载中普洱茶的产地主要指普洱山，提及的名山头主要有莽枝山、驾部山。此时，已经有客商以身犯险深入边地贩茶。

　　雍正年间，改土归流设立普洱府之后，雍正《云南通志》首次记载出产普洱的六茶山：攸乐、革登、倚邦、莽枝、蛮砖、漫撒六茶山，并且以倚邦、蛮砖者味较胜。因为来自茶政方面的不利影响，外来客商的势力短暂退出了六大茶山。另一方面，规定了茶的形制与税额，这为日后普洱茶大兴于世奠定了基础。茶系每七圆为一筒，重四十九两，征收税银三钱二分。以圆为单位的形制对普洱茶产生了深远的影响。

　　乾隆年间，卷土重来的外来客商不断在六大茶山扩充势力，或购买土地种茶、制茶，或修建会馆以商帮的形式从事普洱茶的贩售。

　　康雍乾时期普洱茶名遍天下，普洱茶产地集中于六大茶山，尤以倚邦、蛮砖两山之茶最受青睐。夷民有祭祀茶王树的风俗。夷女采茶所获酬银用以购置嫁妆。谷雨前采摘的芽尖深受时人宝爱，被张泓赞誉为："味淡香如荷，新色嫩绿可爱。"赵学敏赞誉普洱团茶："清香独绝也。"仿冒普洱的茶品如木邦之类如影随形，以其"味自劣"饱受诟病。

　　得益于康雍乾盛世赋予的机遇，经过较长时期的原始资本累积后,早期普洱茶号于嘉庆初年在倚邦诞生了,有庆昌号、瑞祥号、盛丰号、顺昌号、杨兆兴号等。道光年间,陈利贞号、熊盛弘号、秦佩信号等相继开张。

道光《云南通志》《普洱府志》中涉及普洱茶的记载颇多。普洱茶中影响最大的是贡茶,而数量最多的无疑是商茶,可资作为号级普洱茶的佐证。

依照茶味的优劣,可将普洱产地六大茶山安排座次。依次为蛮砖、倚邦、易武、莽枝、漫撒、攸乐。最下者则平川产者名坝子茶。众多的小山茶中以蛮松为上。

描摹茶树用的都是生动的文学语言:树似紫薇,叶尖而长,花白色,结实圆勺如栟榈子,蒂似丁香,根如胡桃。老树则叶稀多瘤,如云雾状,大者制为瓶,甚古雅;细者如栲栳,可为杖。

除了地域的区分之外,时人已经注意到土壤条件与所出之茶的品质关系密切。以红土带砂石为优,出产的茶多清芬。采摘茶果来繁育茶苗,这属于有性繁殖。数年之后,新植的茶树叶极细密,进入旺采期。树龄高的老树叶稀,产量下降。茶园的管理很紧要,除草松土,不可或缺。否则旁生草木,则味劣难售。这已经与现代园艺学中茶树栽培的观念十分接近。

茶山有茶王树,土人采茶时,先具醴礼祭于此。中国人对自然的崇拜源远流长,茶树王的祭祀根植于此。自古以来,中国人采茶有着贵嫩、贵早的传统。二月间开采,蕊极细而白,谓之毛尖。其叶少放而犹嫩者,名芽茶。采于三四月者,名小满茶。采于六七月者，名谷花茶。由此开启了普洱按农历节气划分春茶、雨水茶与谷花茶的滥觞。贡茶所用的芽茶、蕊茶倍极细嫩，引领了普洱茶崇尚嫩度的风气。

三四斤鲜叶才能制成一斤干茶。揉茶时，成熟度高的原料不容易成形，名为金月天。黏连固结解不开的称为疙瘩茶，味极厚，比较难得。这些制茶过程中衍生的副产品，相较于今人俗称的"黄片"，名称古雅的"金月天"更叫人喜欢。"疙瘩茶"则充满了生活气息。

散茶经蒸压后，制成方圆紧茶。每年备贡者有：五斤重团茶，三斤重团茶，一斤重团茶，四两重团茶，一两五钱重团茶。彼时民间贩售的方圆紧茶，是否如同后世的圆茶和方茶一样呢？让人留下了无尽的猜想。

或许是为了降低成本，经过商贩之手制成外细内粗者，名为改造茶。这种在今天看起来司空见惯的拼配工艺，从当时的名称来看就不讨喜。这似乎也可以说明，从古到今人们对原料内外一致的纯料茶的追求是一致的。

由此可知，至迟在道光年间，人们对普洱茶的产地、原料、工艺、形态与品质评价，都已经形成了认知体系。贡茶无疑是普洱茶品质与声誉的担当，行销于世的商茶才是普洱茶的主流。从中可以窥见号级茶的源流。

同治年间，乾利贞号、宋寅号、同昌号、宋聘号先后创建。光绪年间，元昌号、同庆号、安乐号、宋庆号、同兴号、车顺号、元泰丰号等相继涌现。普洱茶号迎来了清代最辉煌的时期。

宋聘号古董茶   同庆号古董茶

  至迟在光绪年间，普洱茶号在六山的中心已经从倚邦转移到了易武。六山之外，思茅亦有众多的茶号。从不被认可到被默认存在，普洱茶的产地正在向云南各地扩展。光绪年间，贡茶已经走向没落，官督民办的普洱方茶、圆茶得以进入宫廷。随着大清王朝的覆亡，普洱贡茶最终成为绝响。

  光绪《普洱府志》《思茅厅志》等史志文献对普洱茶的记述，除了延续以往的记载之外，也有补充的地方。比如对于采茶的描述，延续以往的说法，称"女儿茶"为"夷女采制"，难免让人浮想联翩。但同时记述的史实有的则十分惨烈，有人甚至在采茶的过程中遭逢老虎袭击而丧命。蒸制后的普洱茶，用竹箬包装，这与普洱市博物馆对外展出的贡茶实物相互印证，可见竹箬是普洱茶主要的包装材料。

  据清代的文史资料记载，普洱茶包含了散茶、紧团茶与茶膏三类。贡茶中的散茶包括细嫩的芽茶、蕊茶，散卖滇中的是粗普叶。贡茶中的紧团茶包括五斤重大普茶、三斤重中普茶、一斤重小普茶、四两重女儿茶以及一两五钱重的蕊珠茶。进贡后方许民间贩售的是方形的方茶与圆形的圆茶，也曾作为补充入贡清廷。贡茶中还有一类是茶膏。

清代对普洱茶的认知至少包含产地、工艺与形态三个方面。六大茶山以外的产茶地往往不被认可为正宗普洱茶产地，工艺的记述也比较简略，而形态的描摹则十分详尽。

民国时期，除开倚邦、易武等普洱号级茶庄的早期诞生地之外，思茅、佛海都开设有大量的号级茶庄。普洱号级茶庄进入第二个辉煌时期。

民国《新纂云南通志》及各地方修撰的县志，都有关于茶的记载。尤以李拂一编纂的《十二版纳纪年》《镇越县新志稿》《车里》等地方志及其撰写的其他文章，为极其珍贵的文献资料。统览民国时期史志与文献中的记述，不难发现普洱茶的产地与疆域在不断扩大，奠定了后来内销、边销与外销的格局。

无论是官方或是私人纂修的史志中，对于茶的记载开始多样化。一种是延续传统的史家笔法与文人趣味，根植于传统的人文积淀。另一种则是新兴的科学视野，无疑受到西学东渐的影响。这两类记述杂糅在一起，构成了中西结合的新风貌。

民国《新纂云南通志》中关于茶的描述就采用了科学的

语言，清楚地指出茶属于山茶科，常绿乔木或灌木；对于叶形、花、果的描述十分精当；对于茶树喜欢温暖湿润的气候与土壤条件等方面的记载，与园艺学的观念完全一致。科学的观念已经出现，这在普洱茶史上属于首开先河。在当时人们的认知中，还有视普洱茶属绿茶的观念。

李拂一撰写的有关普洱茶的文章记述得最为详尽。在产地的认知方面，仍然坚持十二版纳为普洱茶的唯一产地，尽管以易武、倚邦等六山所产更受推崇，而事实上佛海已经成为普洱茶的中心。他还提到了江内、江外各大茶山，成为后世古六大茶山、新六大茶山的肇始。当时江内各山所产的被称为"山茶"，江外出产的茶被称为"坝茶"。李拂一对"坝茶"一词进行了澄清。对照今日江外各大茶山的火热，让人不得不对其先知先觉深为叹服。

在佛海，制茶原料承继了按照老嫩、节气划分的传统习俗。三月尾和四月初采摘的白毛嫩芽称为"白尖""春茶"。继采者称为"黑条"，叶色黑润，香味浓厚，为加工圆茶、砖茶的原料。接下来的茶称为"二水茶"，又名"二盖"，叶大质粗，叶色黑黄相间。二水之后称为"粗茶"，概系黄色老叶，品质最为粗下，作为藏销紧茶包心之用。九月初采摘的白毛嫩芽称"谷花茶"，品质次于春尖，但叶色漂亮，作为圆茶之盖面。往后仍有一次粗茶，但是为数不多。这种观念已经与后世的春茶、雨水茶、谷花茶与冬茶的划分基本一致。

佛海制茶，分为初制、再制。经采茶、锅炒、揉搓、晒干或晾干即为初制茶。或零星担入市场售卖，或区分品质后装入竹篮。湿水后，以拳或棒捣压，使其紧密，称为"筑茶"。然后分别堆放，任其发酵，而后蒸发自行干燥。李拂一对此的评述十分有趣："所以遵绿茶方法制造之普洱茶叶，其结果反变为不规则发酵之暗褐色红茶矣。"

初制后的散茶，区分品质后，再加工制为圆茶、砖茶与紧茶。

圆茶选取上好原料，以黑条作为底茶，春尖包于黑条之外作窝尖，以少数花尖盖于底及面。砖茶原料以黑条为主，底及面间盖以春尖或谷花茶。紧茶以粗茶包在中心作底茶，二水茶包于底茶之外称二盖，条者再包于二盖之外称高品。由此可见，圆茶、砖茶、紧茶原料主要以老嫩区分，拼配则是司空见惯的做法。

再制的过程中，紧茶原料中的高品经潮水、发酵，然后将不发酵的底茶作包心，揉制成心形紧茶后，再行发酵一次。

由此可知，佛海茶在初制、复制的工序中都存在发酵的步骤。无论是受条件限制，抑或是有意为之，都体现出制茶工艺的复杂性。这正是其令人着迷之处，也是引发后人热议的"红汤"普洱茶的起因之一。

至于易武、漫撒茶的制造，经采摘、锅炒、搓揉、曝晒或焙干，即成粗制茶，称为散茶。挑选加工后，分别制造成圆形茶饼或长方形茶砖。前者称为圆茶，后者称为砖茶。这样的记述非常简略，并无额外引人注意之处。

历年来，在一些官方和民间的博物馆，以及私家藏品中，相继见到过普洱号级古董茶。号级茶的内票及内飞既是号级茶的身份标签，也是产品说明书，蕴藏着丰富的信息。这为人们了解号级普洱茶提供了另一个途径。

乾利贞号、宋聘号、同昌号、同兴号、同庆号、福元昌号、敬昌号等都是闻名于世的普洱老茶号。其内票、内飞传递出来的信息非常明确，仍然推崇易武、倚邦、攸乐等六山所产之茶，尤其是易武几乎成了六山茶的代名词。虽然茶号也会采用江城、佛海等处的原料，但在观念上是将其视为等而下之的茶。

引人注意的是同庆号龙马商标内票上的一段文字："本庄向在云南，久历百年字号，所制普洱，督办易武正山阳春细嫩白尖，叶色金黄而厚，水味红浓而芬香，出自天然。今加内票，以明真伪。同庆老号启。"这段文字也被当作红汤普洱的佐证，被反复加以讨论。事实上，将茶按照不同的种类进行区分，属于现代人的观念。直接将后期的概念套在前期的产品上，并不尽然准确。按照当下各大茶类的工艺，黑茶、红茶与乌龙茶等各类茶，都可以在初制或者是复制的环节，促使茶汤转为红色，这并不是什么难题。考虑到号级茶的历史背景，受到实际条件的限制，生产工序上的差异几乎无可避免。按照现代工业的看法，这是工艺不规范所致，但正是由此提升了产品的丰富性，并间接催生了类似紧茶发酵的工艺。我们猜测，同庆号有可能是在初制、复制的环节产生了发酵，从而制成了红汤普洱，并以此作为卖点广而告之。统览其他号级普洱茶票与内飞，这种做法并没有引发群起效仿。

各家普洱茶号的内票与内飞，大都标明商标，这意味着品牌意识已经深入人心。再有一点就是众口所称的防伪，反向也证实了假冒作伪现象的猖獗。有以其他产区的茶冒充易武正山等六山之茶，也有以次充好，甚至是假冒牌号的情况。普洱茶的历史上，假冒现象一直如影随形，到了号级茶的时代更加严重，作伪的技术与手段也层出不穷。

普洱市博物馆的展品中有一张雷永丰茶号的广告，注明展品由普洱市收藏协会许春祥提供。清末民国，思茅最有名的茶号就是雷永丰。雷永丰广告内容如下：

敬启者，本号开设思茅南门外大街，发行所在云南省城内文庙小东巷底，自行创造雷永丰、雷朗号、新春老号、双印雷朗号、广发祥、春华祥等茶印，消（销）行

雷永丰茶号广告（普洱市博物馆展品）

于滇川黔楚各省，已历多年，货物精良，诚信不期（欺），早蒙远近绅商所信用。不料本年十月二十四号，竟有林方培、刘开科等，胆敢以低伪假茶揉造本号雷永丰茶印，沿街售卖，

希图假冒隐射，实属无耻已极。且查林方培等所造假茶，其制造时所用原料，实与市中所卖各种茶叶全不相同，不识彼辈系用何种树叶制造而成，妨害卫生，莫此为甚。除已将林方培、刘开科及一切多数证物扭禀商埠二署，转送法庭按律惩治外，诚恐有无耻之徒仍复肆行假冒，希图隐射，以致鱼目混珠，不特妨害本号信用，且于购服诸君卫生有关，用特广为布告，务恳赐顾诸君认明本号招牌内票及发行地点，庶足以杜假冒而免欺蒙，至为厚幸。本号主人谨白。

雷永丰以打假为名发布广告，透露出来的信息足堪玩味。从中可以看出雷永丰各牌号的茶，只是宣称货物精良，并没有指明具体产地，指斥仿冒者所用原料为非茶类树叶。

民国时期，佛海的茶庄中，可以兴出产的砖茶非常有代表性。其内飞上注明："云南猛海，可以兴茶庄。拣选上等尖芽，精工督造如法，诸君认明内票，请试非图自夸。"

《云南文史资料选辑》第四十二辑收录有一篇马泽如口述文章，记述其家族在江城成立茶厂，牌名敬昌茶号，揉制七子饼茶，并言明："江城一带产茶，但以易武所产较好。这一带的茶制好后，存放几年味道更浓更香，甚至有存放到十年以上的。"

史志文献的记述可能与实际有一定的出入，茶号的内票、内飞出于商业广告意图，难免会自我夸饰，或者是贬斥对方。虽然不可尽信，但仍有一定参考价值。

统合文献记述，茶票与内飞的佐证，以及当事人口述历史或回忆录，不难梳理出普洱茶号的发展脉络。民国时期，普洱茶的产地已经扩展到江城、思茅等地，但以易武、倚邦等六山所产普洱茶为上品的观念依然根深蒂固。普洱茶的加工工艺不同，成品茶的风格也多种多样。行销内地的多是新春茶，行销香港的则是陈茶。

中华人民共和国成立之后，历经20世纪50年代公私合营，有过辉煌经历的普洱茶号，基本退出了历史舞台。云南普洱茶进入了计划经济年代，国营厂扛起了普洱茶的大旗。进入20世纪90年代，沉寂多年的普洱茶号再度迎来新生。

丁酉年冬月，与鲁文锋、李雨橙伉俪相约聚于武汉普洱藏家茶馆品茗。老友相见，鲁文锋先生拿出了敬昌号普洱老茶，由李雨橙老师亲自冲泡。历经数十年典藏，茶汤转化为红浓，茶与水

敬昌号古董茶

完全融合，显得茶汤非常黏稠，镜头在无意中竟抓拍到了最后一滴茶汤注入品茗杯的瞬间。茶汤入口即化，真正让人感受到了老茶无味之味的无穷魅力。

品读号级普洱茶的历史，寻味号级古董普洱茶，唯愿这厚重的普洱茶文化能够开启人的智慧，这越陈越香的号级普洱茶能够带给人以启迪。

[史话篇] 茶王树的传说

寻味普洱茶

莽枝茶山云海

庚子冬月，与邹东春先生相约同赴六大茶山寻访茶王树。兜兜转转，直到夜半时分才抵达牛滚塘大街。夜色斑斓，宾馆闭门，打电话无人接听，只好拍门呼唤。半晌之后，主人睡眼惺忪地打开了门，将客房的钥匙丢给我们，就自行去安歇了。我们一行人总算是松了口气，自从山上有了落脚的所在，再也不必往返数十公里赶回山下住宿了，对于常年行走茶山的人来讲，这实在是莫大的幸福。

晨起推窗可见云海，于生活在茶山上的人来讲，这不过是寻常日子中的寻常事。于外来的人们来讲，这样的每一个日子都值得被铭记。

莽枝山茶王树

莽枝茶山的古茶园在秧林寨周边最为集中。邹东春先生约好了秧林寨的茶农柴忠红，一起去看他们家的茶王树。到了秧林柴忠红家里，换乘他的越野车，穿过寨子，沿着掩映在杂草丛中的一条土路，翻过一道山梁下到了茂林深处。这里是莽枝大寨的旧址，还留有一座三省大庙的遗址。顺道探访，我们再次俯身审视大庙留存下来的一方石碑。历经岁月风雨侵蚀，石碑风化，大多数字迹已经漫漶不清了。经努力辨识，尚能认出碑额"永垂不朽"四字，碑文中有"江湖捐金修庙"字句以及捐资人姓名，立碑时间为"嘉庆二十一年"。更为详尽的信息已经难以知悉，伴随时光消逝得无影踪。

继续步行前往密林深处的古茶园，柴忠红家的茶园中，有一棵古茶树上搭着脚手架，这就是柴忠红所说的当今莽枝茶山的茶王树了。我们一行在茶王树前留下合影，或许对于茶王树来讲，茶山上的人们来了又走，不过都是匆匆的过客罢了。相距不远，茶王树与大庙、大寨遗址相互守望，见证了历史变迁的茶王树与石碑兀自伫立，无言地诉说着往昔的故事。

穿越时光，史籍的记载，文人的笔记，留下了六大茶山茶王树的无数传说。茶王树伴随着普洱茶一同出现，与普洱茶共同经历了荣辱悲欢，铭刻在六大茶山人民的心上，至今依然书写着新时代的传奇。

普洱茶之名见诸史籍记载始于范承勋监修，吴自肃、丁炜主编，成书于康熙三十年（1691）的《云南通志》，其书"物产"篇载："普耳茶，出普耳山，性温味香，异于他产。"其书"山川"篇载："莽支山、茶山，二山俱在城西北普洱界，俱产普茶。"相同的记载还见于康熙五十三年（1714）章履成《元江府志》所载："普洱茶，出普洱山，性温味香，异于他产。"此际的车里宣慰司尚在元江府治下，莽枝山出产普茶已具声名。

六大茶山进入史籍记载，始于雍正《云南通志》。此书于雍正七年（1729）由鄂尔泰奉命纂辑，靖道谟总纂，成书于乾隆元年（1736）。书中"物产"篇载曰：（普洱府）茶，产攸乐、革登、倚邦、莽枝、蛮耑、慢撒六茶山，而倚邦、蛮耑者味较胜。"书中"古迹"载曰："六茶山遗器，俱在城南境。旧传武侯遍历六山，留铜锣于攸乐，置鋩于莽芝，埋铁砖于蛮耑，遗木梆于倚邦，埋马镫于革登，置撒袋于慢撒，因以名其山。又莽芝有茶王树，较五山茶树独大，相传为武侯遗种，今夷民犹祀之。"茶王树甫一面世，就与六大茶山、孔明联系在一起，言之凿凿地确定其地在莽枝。回顾时代背景，雍正七年（1729）改土归流设立普洱府，六大茶山归属于普洱府治下。由此可知，这并非无心之举，而是有着深远的意义。

相似的记载出现在嘉庆年间的文人著述中。檀萃所著《滇海虞衡志》成书于嘉庆己未（1799），嘉庆九年（1804）付梓行世。其书"志草木"载："茶山有茶王树，较五茶山独大，本武侯遗种，至今夷民祀之。"师范纂《滇系》于嘉庆十三年（1808）刊印出版。其书"赋产"载："茶山有茶王树，较五茶山独大，本武侯遗种，至今夷民祀之。"与前书对照，两书所记普茶、茶王树段落文字几乎一致。加之两书的刊行皆是师范所为，可以断定后者引述了前文。将檀萃、师范所记茶王树段落与雍正《云南通志》所记对照，内容高度一致，不同之处在于地名"莽芝""茶山"之别，疑是后者在转述时错记所致。

阮元、尹里布监修，王崧、李诚主纂，成书于道光十五年（1835）的《云南通志》，在"地理志"中对六茶山加有按语："并在九龙江以北，罗梭江以南，山势连属数百里，上多茶树，革登有茶王树。"时任云贵总督阮元主持修纂的省志，"食货志"收入了他的次子阮福所写的《普洱茶记》一文。文中援引《思茅志稿》云："其治革登山有茶王树，较众茶树高大，土人当采茶时，先具酒醴礼祭于此。"就目前所见，将茶王树所在地记述为革登山始见于道光《云南通志》。道光《云南通志》"食货志"还转引有檀萃《滇海虞衡志》普茶、茶王树段落。或许是注意到茶王树所处地名有异议，表述为"云某山有茶王树"，余皆相同。《思茅志稿》所记乃未革夷风的地区，书中关于土人祭祀革登茶王树的记述，有没有可能是崇拜万物有灵的茶山民族的真实写照呢？给后人留下了无尽的猜想。

道光三十年（1850）李熙龄纂《普洱府志》记载："其地有茶王树，大数围，土人岁以牲醴祭之。"书中"古迹"所记六茶山遗器、茶王树段落，明文指出承继自雍正《云南通志》，两相对照，一般无二。

光绪十一年（1885）吴光汉修纂《思茅厅志》中关于茶的记载与道光《普洱府志》相同，可见是转引而来。

光绪二十六年（1900）陈宗海纂《普洱府志》中援引檀萃《滇海虞衡志》："茶山有茶王树，较五茶山独大，本武侯遗种，至今夷民祀之。"并引阮福《普洱茶记》："其治革登山有茶王树，较众茶（树）高大，土人当采茶时，先具醴礼礼祭于此。"书中"古迹·六茶山遗器"段落，同样言明出自雍正《云南通志》，是一字不差的转引。

回顾清朝雍正、嘉庆、道光与光绪时期的史志与文人记述，茶王树出现的脉络清晰可辨。雍正《云南通志》有意将六大茶山的命名、茶王树的诞生与诸葛孔明联系在一起，茶王树有着与茶祖孔明同样的意义，以文化进行融合的用意显而易见。道光《云南通志》记述土人祭祀茶王树有可能是真实的情形，既有可能是文化塑造有意为之，亦有可能是将实地风俗进行文化重塑，抑或二者兼而有之。文化塑造与地方风俗合流，崇祀茶王树之风在茶山流布开来。

伴随清王朝覆亡，中华民国建立，世风不变。爬梳文献，仅仅在李拂一撰《十二版纳纪年》中延续清朝史志记述："茶山有茶王树，较五茶山独大，本武侯遗种，至今夷民犹祀之。"

新中国成立之后，一些旧有的传统习俗消弭。《版纳文史资料选辑》第四辑收录了1965年曹仲益《倚邦茶山的历史传说回忆录》一文，其中关于茶王树的内容如下：

奇特的茶王树，真是罕见，它生长在象明区（倚邦）的新发寨背面的高山顶上。据老人讲，这棵茶王树在光绪初年，每年尚可产茶六至七担之多，每季约二担干茶，真是茶树中稀有之物，可惜已死。民国初年，其根部枯干尚存。因传闻已久，我心中甚疑，六三年元月，我因回家省亲，路经此地，特请当地农民陈小六等二人带我一看，至则枯干已被白蚁吃尽，只存洞穴。当时我带有一小钢尺，约量一下，其洞直径一方为二百七十公分，另一方约三百二十五公分，傍有过去农民祭祀立的石碑数堆，致此我才有七八分的认识，实属奇闻少见，不愧有茶王树之说。

曹文中的记述，从侧面印证了祭祀革登山茶王树真实存在过，茶王树因其产量高而受崇祀。只是彼时，茶王树已经枯死，祭祀茶王树已经成为传说。

同书中还收录了云南省农科院茶叶研究所第一任所长蒋铨1957年所作《古"六大茶山"访问记》一文，其中也有关于革登茶山茶王树的记载，其内容如下：

据倚邦崔梅祥茶号老间谈："在嘉庆、道光年间（1796—1850）革登八角树有棵茶王树，春季可产干茶一担，现已枯死。"

蒋铨为此还特意查证了《普洱府志》中阮福《普洱茶记》一文加以验证，做出论断：由此可知革登为古产茶较闻名的地方。

蒋铨在文中还记述了亲赴漫撒茶山调研茶王树的经历，通过对茶农进行访谈，实地调访茶王树，蒋铨认为漫撒茶山古茶树树龄不会低于南糯山的茶树群。

蒋铨最后得出结论："漫撒、革登两大茶山传说的茶王树是确有其树的，其生长历史之久当不亚于勐海南糯和巴达两株大茶树，为西双版纳澜沧江两岸是世界茶树原产地获得又一确实的证明。"茶叶科技专家调研茶王树有着显而易见的诉求。

2005年底，来自世界各地的科技工作者、文化学者与茶行业从业人员、云南各级领导，共同前往革登山孔明植茶遗址，祭拜茶祖，考察六大茶山，在勐仑镇举办茶文化研讨会。会后结集出版了《中国云南普洱茶古茶山茶文化研究》一书，是为纪念孔明兴茶1780周年暨中国云南普洱茶古茶山国际学术研讨会论文集。众多专家、学者都注意到了茶王树遗址蕴含的文化意义，共同建议恢复茶祖孔明纪念活动。

伴随普洱茶市场的繁荣，普洱茶文化随之勃兴。以茶为业，依茶为生的茶商与茶农都感受到了时代赋予的机遇，民间自发恢复祭祀茶祖孔明的活动。戊戌年春季到访六大茶山，就曾在山上巧遇公祭茶祖武侯遗种1793周年暨安乐村委会第二届普洱贡茶文化节，活动现场贤达云集，少数民族载歌载舞，欢庆节日。众多单位、个人捐资在祭风台修造了孔明雕像，并进行了隆重的祭祀仪式。仿佛让人瞬间穿越了时光，将过往与当下承接起来。

冬月时节，茶山上的人们静享着一年当中最安闲的时光。邹东春先生约好了革登茶山新发寨的茶农唐旺春，到他在大路边新建的初制所喝茶。临路而建的茶亭，竹木结构，茅草覆顶，十分别致。恰如唐旺春所说："城里人什么没见过？就属这茅草房最吸引人。"闲坐在茅草茶亭里喝茶，一眼瞥见刻有"革登茶山"字样的大石头就矗立在路对面，问及他将其从新发老寨入口处移过来的缘由，他满脸真诚地说："这石头有灵气，是它要跟过来的。"说完后忍不住大笑起来，原来这石头是他花钱买来的，后来在雨季时遭遇塌方滚落到坡下，于是他在初制所乔迁新址时一并移了过来。

难得在茶山上碰到热爱茶文化的茶农，于是一起开车去革登老寨探访三省大庙遗址。距离新酒房不远处的密林里，大庙遗址上留存有一块石碑，碑额题刻"万善同缘"四字。碑刻本身的石材质地一般，加之经年累月遭受风雨侵蚀，只能勉强辨认出"江省、湖省、云南省"的字样，其余字迹已经难以辨识，也无从知晓立碑的年代，一段历史就此湮没于岁月深处。

革登山三省大庙功德碑

回转到新酒房附近武侯植茶遗址处，再次仰望着茶王树坑里长出的一棵王子树，当地的茶农笃信王子树是武侯遗种的后裔。就在我出神的当口，唐旺春突然跳起来拉下王子树的侧枝，然后用力将两枝半米长的寄生植物硬生生扯了下来。然后展示给我们说："要是不及时清除寄生枝，茶树早晚会被祸害死。"

王子树对面的一棵茶树上挂有"公主"的标牌，附近的茶树上都悬挂有"茶王树后代"的标牌，并且用数字编号加以区分。看起来武侯遗种开枝散叶，繁衍出众多子孙后代，一派欣欣向荣的景象。

武侯遗种处立着两块石碑。一块上面刻着"茶祖诸葛孔明公植茶遗址"，为2004年所立。另一块是祭茶祖孔明公文石碑，雷继初、张顺高撰文，立碑的时间是 2005 年，落款为"纪念孔明兴茶一千七百八十周年大会"。《祭茶祖孔明公文》内容如下：

乙酉之春，三月廿八，金鸡报晓，晨曦初露，濮水起舞，九龙欢歌。吾辈阿公子孙，敬备牲礼，恭请南人高端，诚邀四海茶贤，汇于罗梭灵水之滨、孔明圣山之前，登临革登山新发寨，此乃阿公植茶遗址也。遵千百年祭茶传统，公祭茶祖孔明公兴茶一千七百八十周年，缅怀先祖兴茶之功德，颂祝各族人民恒盛荣昌，祈天时地利人和，茶事隆兴。兹此事大，勒石记之。

昔建兴之初，蜀逢危难，先帝托孤，主幼国疑，公寝不安席，夙夜忧叹。时高定西叛，雍闿乱滇，泸水犯愁，滇池哀怨，千钧一发，蜀汉垒卵。公镇定沉虑，思惟北征，宜先入南，三月兴师，五月渡泸，斩高定，平牂牁，七擒七纵，孟获服其威德。天混混而尘落，河浑浑而复清，化涣散为凝聚，喜兄弟又团圆。置云南，添兴古，建雍乡，增永寿，设南涪，政治南疆。公深入不毛，竭诚安抚。筚路蓝缕，备至艰辛。春风绛帐，砥砺诸酋。遍历六山，植茶革登，兴水稻，试牛耕，事桑麻，炼五金，辟民生百业之新径，奠后世普洱茶之基石。福荫西南，恩泽万世，惠及四海，德昭日月。天宇后土鉴我心，悠悠龙江诉我情，孔明山前共祭拜，世代不忘阿公恩。

革登歌曰：

无量深山兮，公率众南抚巡行。

见哀牢、濮、茫村落兮，园有芳茗。

革登山茶祖孔明植茶遗址

革登山祭茶祖孔明公文石碑

四季如春兮，周年萌生。

仙药瑞草兮，众夸验灵。

天赐嘉木兮，可变金银。

公令采兮，教民广植兮，亲演革登。

南中万山绿如翠，只缘阿公植香茗。

衣食万户兮，千百载。

阿公恩德兮，永不忘。

普洱茶，四海赞美兮，天下共享。

孔明山，永恒雕塑兮，日月同辉。

抚碑颂文，令人心潮澎湃，完全可以想象到当年盛大的公祭场景。转身远眺对面的祭风台，孔明雕像影影绰绰，脑海中再次浮现出亲历祭祀孔明现场的盛况。低头沉思，史籍中的记述与眼前的碑刻，文字蕴含的意味一脉相承。穿越时空，历史与当下的影像交叠融会在一起，渐至让人难以分清传说与现实的界限。只有远处的孔明山无言伫立，眼前的古茶树岁月长青，一代又一代的人们，口口传颂这茶王树的传说。

祭风台茶祖孔明雕像

史话篇

寻味普洱茶

茶树王的故事

邦崴过渡型茶树王

过去十年间，伴随着普洱茶市场的繁荣，一座座古茶山，一个又一个村寨，无数个茶农家庭，因了古茶树的福荫，过上了前所未有的好生活。从古茶山、古村寨到古茶园，纷纷宣称拥有茶王树。究其来历，或是来自传说，或是来自科考，抑或是来自商业宣传。茶王树的背后，有着无数个故事，记录了世事的兴替与岁月的变迁。

史籍文献中记载的茶王树都已经成为传说，如今只在六大茶山空留地名、遗址，供今人凭吊与感怀。科学考察发现的大茶树，经由不同的媒介解读，被冠以各种名目的"茶王树""茶树王"，有些存活于世，有些已经衰亡，它们见证了世情百态，留下了无数动人的故事。

茶王树的故事，要从一百多年前讲起。1897年的一天，浙江省上虞县的一户吴姓人家诞生了一个男婴，起名叫作荣堂。荣堂到了青年时代，立志要为振兴祖国农业而奋斗，故更名为觉农。他在浙江省中等农业技术学校读书时，就对茶业产生浓厚的兴趣。1916年从农校毕业后，他留校做了三年助教。1919年考取了由省教育厅招收的去日本研究茶叶专业的官费留学生，在日本农林水产省的茶业试验场学习。求学期间，撰写了《茶树原产地考》一文，文章发表于1922年《中华农学会报》。内容讲述的是当时国人极少关注的茶树原产地问题，文章对论证中国是茶的故乡具有重大意义。1939年，吴觉农先生即在重庆复旦大学农学院创立了茶叶系和茶学专修科，这被普遍认为是中国茶学高等教育的开端。新中国成立后，吴觉农先生被任命为农业部副部长，并兼任了中国茶叶公司总经理。陆定一称赞吴觉农先生是"当代茶圣"。或许是受吴觉农先生对茶树原产地关注的启发，新中国成立后，全国各省陆续传出发现大茶树的报道，其中尤以云南省为最。1978 年，吴觉农先生在昆明由中国茶叶学会举行的学术研讨会上又发表了《中国西南地区是世界茶树的原产地》一文。文章列举了国内风起云涌的野生茶树资源初步调查成果，将云南勐海南糯山野生大茶树等作为证据，批驳国外认为中国没有发现野生大茶树的观点。

20 世纪 50 年代，科技工作者在南糯山发现了大茶树，发现者的姓名与年份都不尽一致。通过仔细梳理相关资料，发现时间实际上都是 1951 年。1951 年 9 月，苏正等人在南糯山半坡新寨等地发现了 3 株古茶树，被吴觉农先生引为中国西南地区是世界茶树原产地的证据。同年 12 月，周鹏举在南糯山半坡新寨的深山密林中新发现一株大茶树，后来经过论证，推断树龄达 800 年以上，这就是举世闻名的南糯山栽培型茶树王。1990 年 12 月，时任全国佛教协会会长的赵朴初赴勐海南糯山，亲笔题写"南行万里拜茶王"。那时的茶树王已经接近迟暮之年，虽然想尽了各种办法力图挽救，但它最终还是在 1994 年衰亡。由于对茶树王的价值与意义认知不足，任其枝干腐朽，以至于最终荡然无存，留下了永远无法弥补的遗憾。

南糯山栽培型茶树王衰亡的前一年，在临近西双版纳州

南糯山栽培型新茶树王

的思茅地区召开了首届中国普洱茶国际学术研讨会。除了南糯山栽培型茶树王蕴含的科考价值外，普洱茶的文化价值、商业价值被逐步挖掘出来。1995年，邓时海著《普洱茶》一书在中国台湾出版发行，书中有一张作者与南糯山茶树王的合影。将这三件事放在一起，让人总觉得隐寓了某种趋势。此后，茶树王的科考价值逐渐被人淡忘，借由文化的引领与商业的推动，开启了名山名寨古树普洱茶的时代。

接下来发生的一切，都变得顺理成章。2002年5月8日，曾云荣、张俊等人在南糯山半坡老寨新发现一株大茶树，这株大茶树接替了南糯山栽培型茶树王的称号。如今到访南糯山的人们，无不以参观这株茶树王为荣。没有人去关心它是否经过科学论证，只在乎它头顶的茶树王荣誉称号。至于衰亡之后的老茶树王遗址，已经绝少有人记得，罕有人问津了。

1961年10月，张顺高、刘献荣在勐海县巴达贺松大黑山森林中考察野生茶树群落，发现了一株野生型大茶树。乔木型，分枝部位较高，枝干较少，树高逾32米（后因树的上部被大风吹折，余高14.7米），主干直径1米，树幅8.8米。后经专家论证，树龄达1700年以上，被命名为巴达野生型茶树王。这株野生型大茶树最重要的价值与意义仍然是作为印证中国是世界茶树原产地的客观证据。

2012年9月，极度衰老的巴达野生型茶树王，因经受不住大风，被刮倒后自然死亡。遗留的茶树王枝干交由勐海陈升茶业公司长期保存。比起南糯山栽培型茶树王衰亡后的境遇，巴达野生型茶树王似乎幸运了许多。或许，等到未来"茶王宫"建成后，茶树王能够有更好的待遇吧！

或许因为巴达大茶树 1 号是野生型茶树，在它衰亡后，除了引发人们的关注与唏嘘感叹之外，并没有再次上演南糯山栽培型茶树王称号传递的情况，邻近的巴达大茶树 2 号鲜有人知，几乎无人问津。

1991 年 3 月，何仕华在澜沧县富东乡邦崴村发现了一棵大茶树。茶树主人魏壮和、赵云花夫妻认为树大遮阳，影响粮食收成，打算将其砍掉。在何仕华的积极斡旋下，由地方政府部门出资 5000 元用于购买和保护大茶树。邦崴大茶树为乔木型，树姿直立，分枝密，树高 11.8 米，树幅接近 9 米，基部干径 1.8 米。后经专家论证，树龄在千年左右，确定为过渡型茶树，后被命名为邦崴过渡型茶树王。这株茶树王的形象还登上了 1997 年邮电部发行的邮票。

对于邦崴过渡型茶树王的定性，虞富莲有不同的看法：按照植物进化程序，在原始型与栽培型之间还有过渡型茶树，然而，由于模式标本尚未建立，至今还未有典例。1991 年云南省澜沧县发现的邦崴大茶树，从遗传基础上看仍应属于野生型茶树。

幸运的是邦崴大茶树直到今天依然枝繁叶茂，科学的论证尚且没有定论，但并不影响它带来的实在利益与好处。当地的一家茶企从政府手中接管了邦崴大茶树的管护采摘权，力图将其经济价值最大化。然而，爱茶的人们更希望邦崴大茶树停采养护，以期生命之树长青。

　　1991 年 3 月，罗忠生、罗忠甲两兄弟在镇沅县九甲乡千家寨发现了茶王树。该树为野生型，乔木型，树高 25.6 米，树幅约 22 米，干径 0.9 米，最低分枝 3.6 米。被命名为千家寨 1 号大茶树，经专家论证，推断树龄在 2700 年左右。2001年 4 月 10 日，第三届中国普洱茶国际学术研讨会代表在这棵古茶树旁举行了"世界茶王举世无双"碑揭幕仪式。上海大世界吉尼斯总部授予这棵大茶树"吉尼斯世界之最"称号。

　　经镇沅县地方政府许可，千家寨野生型茶树王被认养在一家茶企的名下。由此，围绕千家寨茶树王的保护与商业开发不断引发争论，甚至到了诉诸法庭的地步。2007 年，被命名为千家寨 2 号的大茶树衰亡，再次敲响了保护古茶树的警钟。

　　1957 年，云南省西双版纳傣族自治州人民政府组织了一支全州各版纳茶叶普查工作队，由云南省农科院茶叶研究所第一任所长蒋铨负责澜沧江以东"江内片"普查指导工作。经由实地走访与调查，蒋铨在其所作《古"六大茶山"访问记》一文中作出论断："漫撒、革登两大茶山传说的茶王树是确有其树的，其生长历史之久当不亚于勐海南糯和巴达两株大茶树，为西双版纳澜沧江两岸是世界茶树原产地获得又一确实的证明。"

　　历数南糯山、巴达、邦崴与千家寨发现的大茶树，作为科学考察成果的意义逐渐消失。而人文传说中的漫撒、革登茶王树，却被科技工作者采信。

源自人文传说中的茶王树、科学考察成果的茶树王，却在有意无意中卷入了普洱茶产业发展的进程，其所蕴含的商业价值不断被发掘，科学、文化与商业的界限渐趋模糊。无论是有迹可循的茶树王，抑或是纯因商业催生的茶树王，而今都已经异化为商业符号。

　　回顾过往十年入山寻茶的历程，有意无意中拜谒了众多的茶树王。每一棵茶树王的背后，都有着或曲折动人或令人唏嘘感叹的故事。茶农的生存智慧，茶商的辛勤开拓，科技工作者的苦苦追寻，人文学者的筚路蓝缕，共同刻画了芸芸众生的世相百态，书写了这个平凡世界里小人物的故事。

茶王篇

寻味普洱茶

南糯山茶树王寻访记

十多年来寻茶云南，南糯山去了许多次，只是每一次，我们的心里眼里就只有古树茶。旧曾听闻已经"仙逝"的南糯山栽培型老茶树王的逸事，也曾多次观瞻接任的栽培型新茶树王，只是从未曾想过要去探究新老茶树王的前世今生。而此番前来，却在机缘巧合下获知了前所未闻的故事。

春去秋来访茶南糯山，却一次次错过已"仙逝"的老茶树王的遗址。此番前来，与黄宏宽先生、高剑灵先生与家住姑娘新寨的茶农确黑先生相约一同前往寻源老茶树王遗址。将车辆停放在公路边姑娘新寨寨门对过的茶农屋旁，沿着上山的林间小路缓步上行。忽然间，零落的雨珠穿林打叶，声声入心。举目四望，周遭都是触手可及的老茶树，树干上青苔覆盖，枝叶间茶花绽放，恍惚间忘却了路之远近，不觉间已经抵达。旧日修建的茶亭映入眼帘，脚下的水泥台阶依旧，四周的围栏犹存，斑驳的痕迹无言诉说着过往的岁月。而今这块茶地属于确黑所有。确黑打开围栏间大门上的铁锁，一行人鱼贯而入。茶树王遗址依山望水，临崖而建的茶亭默然伫立。迎面一棵枝繁叶茂的大茶树，树干粗壮，虬枝伸展，主人笃信它就是老茶树王落籽繁育的王子树。时光抚平了老茶树王的痕迹，却将记忆镌刻在了守护人的心上。眼下主人确黑双脚站立的地方就是老茶树王的遗址，他手机相册里收藏的老茶树王影像，将过往与当下神奇地连接起来。

天上的雨滴恰如珍珠般成串落下，在茶亭屋顶上敲打出叮叮当当的音符，让人忍不住感叹时光的流逝。不知何时，

南糯山老茶树王遗址

手机相册中的南糯山老茶树王旧照

雨过天晴，落日的余晖洒落一地斑驳。就在这浮生半日之间，让人感受到了自然的阴晴变幻、人世间的岁月变迁。

人在勐海，相隔数日之后，约上友人邹东春先生一起再度前往南糯山。早上出门的时候，天气阴晴不定，身后的勐海笼罩在阴云浓雾中，前方南糯山上空却艳阳高照，真可谓"十里不同天"。南糯山向有"气候转身的地方"之称，我们能遇上这样的天气，殊为难得。

驱车直奔南糯山竹林寨，邹东春先生早早约好了接任的新茶树王主人——一对年轻的茶农夫妇，他们候在家里。年轻的小伙子名叫才大，1989年生人。他的媳妇名叫大妹，1995年生人。两人结婚已经有两年，女主人有孕在身，安安静静待在旁边。大妹娘家在苏湖，与竹林寨相隔并不遥远，不过说起他们两个的相识，却是通过网络走到一起的。近年来古茶树市况热络，一家人赶上了好时候，他们同世居南糯山的哈尼族人一样，过上了祖辈不曾想过的好生活。

闲坐茶叙，一上午的时间转眼就过去了。才大的父亲开才从茶地回转家中。数说往事，开才打开了记忆的闸门，他说自家的茶园是在1981年到1982年间包产到户的时候划分的，总共60多亩茶园，古茶园有13亩，其余的都是小树茶园。论茶园面积，与寨子里其他人家相比，不算多，也不算少。20世纪90年代，南糯山老茶树王仙逝，竹林寨也从半坡老寨分了出来。后来，竹林寨成为分出来的五个寨子中户数最多的一个。当年包产到户的古茶园就分布在半坡老寨周边。

2002 年，曾云荣先生等人确定了新接任的茶树王，正好是开才一家茶园中的一株老茶树。此后，不断有人探访新接任的茶树王，"仙逝"的老茶树王逐渐淡出了人们的视线。只是早些年间普洱茶市场苗头初现，茶的单价还没上去。"一公斤只有几块钱。"开才笑着说。2007 年普洱茶市场崩盘，茶价下挫，拖累 2008 年上市春茶的价值，一公斤只有六七十元。

开才回顾过往，真正感受到市场好起来是在 2012 年之后，市场上普洱茶价格逐年上涨，大多数茶农获得了丰厚的收益。但茶树王产量无多，且不稳定，最好的年份也只收获了两公斤左右干毛茶。早些年，都是给自家的客户每人分一点，最近三四年才有客户预定买走全部鲜叶。2019 年只采下两公斤多鲜叶，炒制成的干毛茶，只有区区几两。2019 年有韩国客户预付了 12 万元定金，没想到遭遇极端干旱天气，2020 年的春茶季，茶树王根本就没有发。好在客户并没有要求退款，而是留下来作为来年的定金。

同开才的儿子才大攀谈得知，他家茶园的收益足以让一家人生活过得富足。年轻的才大还会收购寨子里族人的古树鲜叶，加工后销售给有需求的客户。经历了古树茶收益连年倍增的好年景，而今面对平稳的市况，茶农也在不断调整经营策略，同时也在调整心理预期。

同开才、才大父子围坐饮茶，说起采自茶树王鲜叶制成的毛茶，开才正色说道："还是好喝的嘛！"随即又笑说："附近大小差不多的树都是同一个时期栽的嘛！又不可能只种一棵！"才大则神色淡然："同其他古树单株茶比起来，都差不多！"

临近中午，我们起身告辞，婉拒了开才、才大父子留我们共进午餐的邀请，趁着晴朗的好天气,决定去探访新茶树王。

早前，开才一家人都是从竹林寨走小路步行爬山去往新茶树王所在的自家茶园守护打理，而今生活条件好了，有了车辆作为代步工具。驱车离开竹林寨一路上行，往半坡老寨的岔路口左转，在半坡老寨的入口处，道路一分为二。进半坡老寨沿着半山腰的步道前行数公里，可至新茶树王的所在，这是访茶南糯山的人最常走的路线。我们则选择在寨门口右转行车数公里至丫口老寨，然后停车步行下坡奔向新茶树王，这是最节省时间与体力的线路。新茶树王主家平时都是走的这条路。

回顾过往十年间，因茶而兴，许多南糯山哈尼族茶农翻身致富，购置车辆、建盖房屋，生活由此发生了翻天覆地的变化，但也有许多户茶农仍然居住在以往的老旧居所里。即便是最好的时代，也有人错过了时代的机遇，仿佛被遗忘在旧日的时光里。

近年来，政府投入巨资，从丫口老寨、半坡老寨两个方向修通了前往茶树王的观光步道。穿过寨子，一路沿步道前往新茶树王，移步换景，令人流连忘返。离新茶树王越近，观光步道两边搭建的竹木棚屋越多。棚屋前摆放有货架，货架上毛茶、生饼、熟饼、蜂蜜、螃蟹脚等各色农产品琳琅满目。不时有主人召唤："来喝杯茶嘛！"最醒目的位置，摆放的是用来收款的二维码。借由现代社交软件，山里与山外已经紧密地连接起来，真正是科技改变生活。不多时，我们就已经抵达新茶树王左近。为了方便游客参观，政府投资兴建了一个哈尼族传统样式干栏式结构的木屋，木屋上下两层，交由新茶树王主家管护使用。主家前脚刚刚送走一拨到访者，后脚我们就到了。烧水的是新茶树王主人茶农开才的老婆，泡茶的是老两口的女儿、才大的姐姐才娘。才娘八年前嫁到了勐腊，时不时回娘家帮忙看护打理新茶树王地块茶园，也捎带接待游客。环顾木屋一层，货架上摆了几袋毛茶，边上是煮的茶鸡蛋，这大概是顺带手的生意。上到木屋二楼，空空荡荡，还没有投入使用。

新茶树王前面，曾经是一片小小的观光地，非常简陋，透着乡野气息。而今这里已经由政府投资修建起了木结构的观光台，四周是刷过漆的木围栏，越发向规整的旅游观光点靠拢。固然整齐美观，只是少了以往的野趣。

南糯山新茶树王

举目仰望眼前的新茶树王，枝叶稀疏，似乎较往年尤甚，枝头洁白的茶树花却也朵朵绽放。眼见得一拨又一拨访客匆匆到来，高高兴兴地摄取影像后，复又匆匆离去，绝少有人在此长时间驻足，仿佛只是为了见上新茶树王一面。这匆匆的一面，却也足以让人心满意足。

坐在茶桌前，身着哈尼族服装的才娘，笑容温婉恬淡，泡茶的动作轻巧熟练，茶汤斟入眼前的玻璃品茗杯中，金黄透亮的茶汤闪耀着光泽。饮一杯这古树茶，心头涌起万千思绪，但觉这杯中有真意，却又欲语已忘言。

茶品凝聚了人与茶之间的情感，文字记录下人与茶之间的故事。在杯盏中透亮的茶汤里，凝聚了自然的味道；在笔尖流淌出的文句里，镌刻了光阴的故事。

南糯山新茶树王茶坊品茶

南糯山普洱生茶

南糯山普洱生茶叶底

南糯山普洱生茶汤色

[茶王篇] 贺开山茶树王寻访记

十多年来入山访茶，贺开茶山去了许多次，但是每一次还是会在这连片面积最大的古茶园中徘徊良久，一次次凝视那些虬枝伸展、围径壮硕、表皮色泽斑驳的古茶树。它们目睹了成百上千年的世事沧桑，依茶而生的人们不过是古茶树生命中的匆匆过客。

　　因了名山古树普洱茶的市况热络，茶山村寨的面貌发生了翻天覆地的变化。这种变化来得如此之剧烈，无数以茶为业的人，无论是否情愿，都被裹挟在这时代的洪流中呼啸向前。世居在茶山上的族群的命运，映衬出时代潮流下芸芸众生的生命底色。

　　农历节气已经是立冬之后，在这寒暑愆期的西双版纳，山川土地上的植物仍然是一派葱茏的景象，无数不知名的花儿沐浴在炽热的阳光下肆意生长，尽情绽放着艳丽的色彩。早晚之间，已经略显凉薄之意，一件薄薄的外套，足以让人抵御凉意的侵袭。

　　晨起后望向窗外，地处勐海坝子的这座小城笼罩在浓雾里。近年来，沿着国道的两侧，一座座高层建筑物拔地而起，所幸还有一些建筑物尚保留着些许民族特色，显露出这座小城最后的倔强。或许要不了多久，随着交通条件的进一步畅达，勐海终究会成为喧嚣的城市。在此生活了多年的友人邹东春先生直言不讳："我都不太习惯，也不喜欢这种变化。"我只能婉言宽慰他："年轻人喜欢得紧。"时代终究是朝前发展的，从不以个人的意志为转移。

福元昌贺开茶山博物馆

与邹东春先生相约一起出行，跟随他多年的皮卡车真真是出了力，车子已经疲态尽现，到处吱哇乱响。当年为了自己的事业，他苦劝爱人下海帮扶，如今凡是有好事儿自然要尽着她："她倒是换了一辆保时捷，原本说要给我换一辆皮卡，结果疫情来了，想想还是留着钱买茶吧！"说归说，眼见他笑得那么开心，自然是事业、家庭都得到了爱人的鼎力支持，欢欣之情溢于言表。

此番我们前往的是位于勐混镇贺开村委会的拉祜族曼囡新寨。车出勐海，沿着通往打洛方向的国道翻山而过下到勐混坝子，再左转折向勐混镇方向，行不多远，继续左转直奔贺开方向。贺开村委会下属的村寨中，地处山脚下勐混坝子的都是傣寨,田地里以种稻为主,两旁的稻田都已经收割过了,只见成群的白鹭正站立在稻田中觅食。车至曼贺纳右转穿寨而过,中途两次停下来问路,所幸前行的方向没错,只是过了曼贺纳寨子后的道路让人有些错愕。"勐海现在已经很少这种烂路了!"邹东春先生所言不虚,这些年来勐海县乡村道路条件得到了极大改善,似这般坑洼不平的土路,印象中在五六年之前颇为常见。老旧的皮卡车喘着粗气嘶吼着沿路往上走,数公里之后,前方道路塌陷,正在修复。停车等了不多会儿,挖掘机让开道路,车辆轧着路肩勉强挤了过去。再往上走,总算是再次上到了水泥路上,前方过了曼囡新寨寨门,终于抵达了此行的目的地。

果然是为搬迁移民建设的新寨,整个寨子沿山梁而建,道路规划、房屋建设都十分规整。我们将车停放在曼囡村民小组办公房的门口,等待约好的主人来接。不多时,一个身形瘦削的拉祜族中年男子走近招呼我们,我们相随缓步而行。整个寨子依然是拉祜族村寨的传统面貌,传统的木结构干栏式建筑,底层堆放生产、生活用具。有一家还养了斗鸡,扣在笼子里。斗鸡是茶山单调生活中少有的娱乐方式之一。

进到主人家中,上了二楼,仿佛又回到了旧日的时光里。火塘上黝黑的水壶里煮着黄片,咕嘟咕嘟地冒着热气,煮好的茶汤倒进搪瓷缸里,主人、客人都围着火塘闲坐茶话。主人的儿子也在,不多时儿媳妇也走了进来。拉祜族的男性都以"扎"为姓,中年男主人名叫扎故,他的儿子28岁,名叫扎努，2 岁的小孙子名叫扎戈。曼囡新寨总共 56 户，总会有不少人重名。扎努的媳妇娜拉来自同一个寨子，比扎努小 6 岁，上学读到了高中毕业。相较于腼腆内向的扎努，娜拉性格十分开朗，家境也好，父亲继承了家族 100 多亩茶园，山下还有 20 亩稻田，是寨子里茶园和稻田最多的人家。同族人一样，父母辈更重视家里的男丁，好的鲜叶都尽着儿子做茶。作为女儿、女婿也能分享部分资源红利，"如果扎努上门期间表现好，被认可，也可以拿到好的原料。"娜拉父亲的稻田都交由山下的傣族人家耕作。一年总计能收获 200 袋稻谷，拉回来 80 袋，剩余的归耕种的人家，所以总有傣族人询问来年的稻田叫谁来种。显然，稻田的收益还是很有吸引力的。

问起小两口的结缘，娜拉笑说："看中了他的老实。"也有朋友笑说她是下嫁，她笑着回应："他家有茶树王啊！"娜拉所说的茶树王，就是茶友们无数次到访老班章途中顺道瞻仰的西保 4 号。这是由当地政府挂牌保护的古茶树，树下还有另一块牌子——贺开 1 号。西保 4 号贺开茶树王的主人就是扎故一家。据扎故说：西保 4 号贺开茶树王附近有两亩古茶园，都承继自他的母亲，但也不算是白给，当年作价 500 元卖给他的。以前的曼囡老寨与曼弄老寨古茶园相接，紧邻那达勐水库。为了保护勐海县城的水源地，政府出资建设了曼囡新寨，2010 年全寨集体搬迁到了现在的位置。早些年茶不值钱，既没有汽车，也没有摩托车，到了茶季，每天要步行数公里去采茶。曼囡寨子里有些人家纷纷将自家的茶地换的换、卖的卖。相比而言，扎故一家颇为幸运，将西保4号贺开茶树王连同附近的古茶园一起租给了六大茶山公司，一次性收到十年承包费用40万元，这在当年无论如何都算得上是一笔巨款。

　　环顾四周，扎故一家居住的还是十年前政府为搬迁住户统一建造的房子，那笔巨额承包款并未给这家人的居住条件带来显见的改善。娜拉则笑称："除了一辆车子，也不知道钱的去向。"依照拉祜族的习俗，扎努、娜拉结婚后，扎努到娜拉家做了三年上门女婿，今年才刚刚回到自己家里。即便是同一家人，公公婆婆也是将鲜叶按照市价卖给自己的儿子、儿媳，儿子炒茶、儿媳妇卖茶，构成了一个完整的小型经济体。老一辈人非常节俭，除了抽烟，喝酒也是自家烤的

俯瞰曼弄老寨

苞谷酒，有时候生了病也忍着，一年到头也花不了几个钱。年轻人花钱难免会大手大脚，钱花完了会跟父母去要。"不用还的。"娜拉笑着说。

拉祜族似乎非常地乐天知命，早年间穷的时候，也只是在附近打打工，不会出远门。又不善于理财，每年都将收入花得精光。"反正三月份茶树发了就又有收入了嘛！没钱就去借，班盆寨子就常有人来我们寨子里借钱。"一些盖建了新居的人家，通常是将自家茶地长期租赁给别人，有的承包期长达60年之久。盖了新房之后，反而没有了收入来源。"60年，也租出去得太久了嘛！要到下一代才能收得回来。"娜拉的眼神有些迷茫，透着些许不解。

说起自家的西保4号贺开茶树王地块，娜拉眼中流露出忍不住的笑意，充满了开心和期盼，2023年到期后就可以拿回来了。我随口问道："到期后，这一棵树包出去，一年总要收入一二十万吧！""最少也要20万吧！我想拿来拍卖承包权！"娜拉笑了笑说，"我们也是打听一下行情，还有好多想法。"果然是受过高中教育，颇有远见。

相较于年长的一辈，年轻人对于自己民族的宗教信仰了解不多。想了半天，娜拉也没能想到一个对应的汉语词汇来翻译公公口中所说管理寨中宗教事务者的称谓。但她还是很乐意带领我们前去参观寨中的寺院。步行穿越主街，在靠近寨子出口的位置，有一栋看起来颇为简陋的房子，这就是曼囡寨民众寄托信仰的寺院。两间房屋，门上都挂着锁。"不

贺开山西保 4 号古茶树

与主人亲密无间的大鹅

能进去的。"娜拉轻声提醒。负责庙里每日供奉食物、饮水的长者不在，说是上茶园里干活去了。日常都是年纪在50岁以上的老人家来负责宗教事务。房屋门前搭建了简易的大棚，过节的时候，寨子里的拉祜族人都集中在这里跳舞庆祝。

回转街心的三岔路口，隔着街道，三足鼎立的三栋房子都是娜拉的父亲修建的，其中一栋给娜拉、扎努接待客户用。娜拉的父亲是70后，看起来气色不错，人也显得年轻。他正坐在桌子旁边喝茶，身边站着他养了好久的大鹅。大鹅颇具灵性，总是亦步亦趋地跟随着他，每次他开车从外面回来，这只鹅都能准确地分辨出主人的汽车声响，总是扑扇着翅膀出来迎接。

由于寨子搬迁后离古茶园距离较远，交通也不方便，从寨子里通往曼弄的土路崎岖坎坷，只有大马力的四驱皮卡车才能通行，同时还很考验驾驶者的水平。能够找到这里的客户有限，茶价相较于曼弄、曼迈低了不少，但只要能到达这里的，通常是真正要买茶的客户。问起娜拉、扎努两口一年的收入，回答说："总有四五万元。"顿了一下又说："要是道路修好了，茶价能高一点，收入至少能翻一倍吧！"政府显然也在尽力做一些帮扶工作，在农闲期间组织开展培训，娜拉也报名参加了培训，学习了茶艺。看看眼前崭新的茶台与齐备的泡茶用具，确也合情合理且实用。

茶叙期间，听闻曼迈还有西保5号、西保6号古茶树，引起了我们的兴趣。同行的邹东春先生打电话联系曼迈的茶农，让人失望的是透露这个消息的人联系不上，其他人对此事茫然无知。无奈之下，求助于六大茶山公司阮殿蓉董事长，得到的回复让人万分遗憾："西保5号已经枯死了。"利益驱使下，茶山生态环境遭受破坏的事情时有发生，不知这让人痛心的事实是否足以让人警醒并下定决心改变这种不良的趋势。

由于交通条件不便，加之老寨搬迁，曼囡古茶园生态环境反而得以保持完好。细看今春曼囡古树晒青毛茶外形，干茶色泽灰白、墨绿相间，由于干旱导致节间细长，芽叶瘦小，远不若往年来得肥壮。但其冲泡后的汤色呈现出浅淡的金黄色，清澈透亮，在阳光的照耀下，闪耀着动人的光泽。入口甘甜醇美，带有较为明显的苦底，苦强涩弱，回甘生津快而持久。香气呈现出幽雅的果蜜甜香，层次丰富迷人。叶底柔软，具有较好的持嫩性。饮罢能够感受到明显的山野气韵，无愧于上好贺开古树茶的声誉。

春去秋来，无数次到访贺开茶山，每次都会瞻观西保4号贺开茶树王的英姿，留下了无数感叹与美好的回忆。只是从未曾想过，过了这许多年，才有机会与茶树王的主家相见饮茶，知晓了茶树王背后的故事。

一次次入山寻茶，深入古茶园，触摸古茶树，品味古树茶，探寻人与茶之间的故事。故事里有你有我，有各种世情百态和喜怒哀乐。那是为茶山绘就的画卷，那是为世间谱写的诗篇，那是无数众生的凡人歌，在心底默默吟唱，代代相传。

贺开山普洱生茶

贺开山普洱生茶汤色

贺开山普洱生茶叶底

帕沙山茶树王寻访记

寻味普洱茶

庚子年十一月的茶山格外的美，为历年来所未见。遭遇春茶时节重度干旱侵袭后，雨季丰沛的降水唤回了大地的勃勃生机，自然强大的自我修复能力让人惊叹！

　　与邹东春先生、聂素娥女士夫妇二人相约驱车前往帕沙茶山。此番同行的还有友人崔梵音。仅仅只是两三年的光景没有到访帕沙寻茶，从勐海县城通往格朗和乡的道路已经焕然一新，道路拓宽了一倍，各种标识齐全。就连道路两侧不时一闪而过的景观石上也铭刻有"茶"字，茶的元素已经深深渗透到当地生活中的方方面面。偶尔会在路边看到观景平台，平台设有凉亭，凭栏俯瞰，地处勐海坝子的小城，一栋栋高层建筑拔地而起，尽显繁华的城市风貌。

　　驱车缠山而行，旧时的乡村风貌不再，因茶而富的村寨渐多，一派欣欣向荣的景象。至格朗和乡，我们停车在黑龙潭边漫步。经过一番环境整治后，碧波荡漾的黑龙潭，一眼望去竟有烟波浩渺的感觉，在蓝天白云下，青山绿水交相辉映，临水而建的村寨房舍，展现出令人欣羡的乡居生活风貌。

　　穿过甘蔗林间的乡村公路，沿着村村通工程修建的水泥路直奔帕沙山上而去。道路的宽度堪可容纳两辆车交会通行。临近半山的路上，有一座简易的寨门，或许过了秋茶时节，往来之人不多，寨门处并无人值守。再往山上，行至帕沙中寨寨门口，值守的村民将我们的车辆拦下，确认我们约好的人家，并对车辆牌号登记后，才允许我们通过。趁着检查的空当，我下车仔细打量这新建的寨门，比起半山因陋就简而

格朗和乡黑龙潭

俯瞰格朗和乡

帕沙中寨寨门

设的寨门，帕沙中寨修造的寨门堪称豪华。寨门两侧还有一副对联："山光扑面因朝雨，茶林深处有人家。"足见因茶而富的中寨人对于宣传的重视。

此番相约探访的是帕沙茶树王主家。离开水泥路，通往各家各户的仍然是旧日的土路，让人一下子就回忆起过往的道路交通状况。

到了帕沙中寨17号茶树王主人家的门口，只见对面一座低矮的房舍里，一位哈尼中年妇女正在织布，这是哈尼族女性的传统手工技艺。聂素娥老师同主人打过招呼后，上前动手一试，不多时就退了出来，摆摆手笑着连称："不好整，不好整！"

茶树王主人家门口立了块牌子，上面还有二维码。他家的房屋并没有想象中豪华，进屋上二楼，

织布的哈尼族妇女

茶桌就放在走廊下，连着走廊的是日光房，里面晾晒有玉米、茶树花。接待我们的是主家的姑娘三朵。这位1995年出生的哈尼族姑娘刚刚从外面旅游了一圈回来。她手脚麻利地收拾了茶台，随手从茶罐里抓出一泡茶来泡，说是前几年的茶，冲泡的过程中，又抓了几朵正在晾晒的茶花投入壶中。

说起自己家的茶，三朵眉眼间有着掩饰不住的喜悦："古树茶园有二十亩，加上小树茶园有一百多亩。"在三朵十来

岁的时候，帕沙的茶树鲜叶还只能卖一块多一公斤，"能换到白馒头吃就很高兴了。"勐海第一届茶王节，选址在了帕沙，由此选出了帕沙茶树王，正好属于她家所有，这给她家的生活带来了一系列改变。获得茶树王称号之前，每公斤古树茶的价格在200元左右；获得茶树王称号之后，每公斤就涨到了700元。2018年的时候，茶树王鲜叶价格涨到了每公斤4500元，总共采了24公斤。连同茶树王地块十亩茶树鲜叶一起打包出售，除开茶树王外，其余不分大小树，鲜叶每公斤800元，总共做了500公斤茶。2019年，茶树王的鲜叶涨至每公斤8000元，总共采了17.5公斤。2020年春天，正值茶王树鲜叶开采的当天，天气有点儿阴，开始下雨的时候就不再采了，称了一下重量，刚刚好10公斤。少采一点儿，也有益于保护茶树王。

仔细打量三朵的眉眼，这是一位五官俊秀的姑娘，身材窈窕，性格开朗，开口三分笑，想来是见过世面的。一问，果不其然，三朵是在昆明读了大学毕业后回到茶山的。依茶为生的茶农，有着种种不易。正如三朵的口头禅："好难哦！""我太难了！"弟弟还在昆明上大学，她期望弟弟毕业后能回到茶山打理做茶的各项事宜："我给他打工，做茶太累了！"问起弟弟就读的学校及专业，她却说不上来。姐姐高中毕业后找了同一个寨子的对象，家里墙上挂着姐姐、姐夫的合影，一看就是出自专门的婚纱摄影师之手。夫妻两人身着哈尼族传统服装，嘴里叼着一朵花，一派幸福的模样。

问起三朵自己的终身大事，她指了指屋里面忙着做饭、烧菜的一位小伙子，说是她的男朋友。小伙子非常帅气，家是福建安溪的，家人在广州芳村开有档口做茶叶生意。因了家人的缘故落脚在勐海做生意，在年轻人交往的过程中，朋友有意无意中善意的调侃促成了这段恋情。三朵有些害羞，用双手捂住脸说："大家都说是我撩了他，要我负责，所以是我追的他。"

伴随着普洱茶市况的热络，过去十年间，云南茶山上发生了翻天覆地的变化，剧烈的程度前所未有，茶山上少数民族的生活方式不断地嬗变。闲谈间得知，来时遇见那位正在织布的哈尼族中年妇女，正是三朵的妈妈。茶叙期间，没有见三朵的爸爸飘三露面，三朵的妈妈偶尔走到近前来，在茶桌上放一袋多依果干，招呼大家品尝。从旁观察，传统的风俗与习惯在上一代人身上保留尚多一些，而在年轻一代人的身上，已经基本消失。改变已经渗透到衣食住行的方方面面，成为不可逆转的时代潮流。人们被裹挟其中，沉浮之际，朝向未知的远方奔涌而去。

时近中午，我们告别茶树王主家，起身去探访茶树王。此前已经来了多次，每次只要自行去看茶树王，必然会迷路。果然，我们开车顺着茶树王路标的指引，一路开到了帕沙新寨，眼见是走错路了。邹东春先生打电话向朋友问路，看看眼前老旧的皮卡车，再看看脚下雨季过后沟壑纵横的土路，我们决定安步当车前往寻访茶树王。一路从林间穿过，湛蓝的天空，悠闲的白云，炙热的阳光，道路两旁各色不知名的野花竞相绽放。聂素娥老师不时停下脚步，用手机拍摄朵朵花儿，眼见是喜欢得很。

朋友说的八百米路程，或许是一路爬坡的缘故，走起来似乎格外漫长。我们不时停下脚步，回看山脚下的黑龙潭。黑龙潭如玉石般镶嵌在群山环绕的坝子间，在阳光的照耀下熠熠生辉。帕沙山坳里的寨子，新居旧舍混杂在一起，豪华的犹如别墅，老旧的仍是棚屋。每个时代，总有人抓住机遇，也有人错过风口。

沿着旧日的道路，从新寨走到中寨，穿过一个简陋的寨门后，仍然找不到茶树王的所在。邹东春先生以版纳本地人的优势，在简单寒暄后，喊来一个名叫五大的小伙子作为我们的向导。三转两转，转过一个弯后，帕沙山茶树王出现在我们眼前。紧挨着茶树王的一个初制所，似乎已经闲置了很久，到处荒草丛生，结满了蜘蛛网。聂素娥老师非常细心，注意到茶树王尚不如附近的茶树枝叶繁茂。看来，除了木栅栏铁

帕沙山茶树王

丝网环绕保护，茶树王仍然需要更多的照料。比如适度停采，以利于茶树王休养生息。

在茶农五大的指引下寻访了帕沙茶树王，归途中，我们顺道到这个年轻的小伙子家中喝茶。拴在他家门口的一只狗见到生人汪汪叫了几声，主人呵斥了一声，它就乖乖地躺在边上打盹儿去了。

帕沙中寨的古茶树，在茶农房前屋后就有很多，人茶之间和谐共生，房在林间，人在茶边，构成一种独特的风貌。

五大家中尚有当年春天的古树春茶。"今年客户来得特别少，如果说往年有一百人，今年最多只有二十人。"春茶时节，疫情的影响犹在，加之经济下行，茶山的市况受到极大的影响。十多年前，茶价只有几块钱一公斤的时候，就有大厂在帕沙设点收茶。2010年以后，茶价逐年上涨，就没有再收了。就连地方的龙头企业收购量也很少，反而是某二线品牌每年收茶的量非常大。这对于稳定茶山的行情，起到了积极的作用。

帕沙中寨屋舍旁边的古茶树之大，在勐海众茶山中颇为打眼。近年来，更受追捧的则是山巅靠近森林边上的犀牛塘

帕沙山普洱生茶

古树茶园，因其生态环境保护良好，所出之茶有着独特的山野气韵。

饮一盏帕沙犀牛塘古树春茶，思绪便如天上的白云般飘浮。今年春天，遭逢干旱，茶产量大幅下滑。"真的是好惨哦！"茶农的喟叹犹在耳畔回响。

随着过往名山古树茶热潮的兴起，似帕沙这般的名山名寨，迎来送往了无数怀揣炽热之心的访客。明天的明天，热潮退却后的茶山，将走向何方？我问风，风掠过树梢，恍似轻声的叹息；我问云，云卷云舒，自是沉默无语。只有脚下的路，通向无际的远方。

帕沙山普洱生茶汤色

帕沙山普洱生茶叶底

勐宋山茶树王寻访记

寻味普洱茶

每一次入山寻访茶树王的行程,不独有意料之内的收获,亦有意想不到的结果,尤以寻访勐宋山保塘西保 8 号、西保 9 号古茶树的经历,最具有特殊的意蕴。

庚子年十一月下旬的勐海,晨起的人们行走在浓雾笼罩的街道上,已经可以感受到深深的寒意。相约邹东春先生、聂素娥女士夫妇,偕同友人崔梵音一道驱车赶赴勐宋乡保塘寨。连通县城到勐宋乡的乡村公路,近年来经过扩建改造,比起记忆中的旧路宽阔、平坦得多。抵达勐宋乡后左转奔向保塘寨,道路立马崎岖坎坷了许多。车过大安村岔路口继续向前开,行不多远,左转奔向保塘寨方向。当下的保塘寨尚没有修造寨门,穿越寨子中迷宫般的道路,七扭八拐,完全凭借导航引领直奔目的地。

站在家门前迎接我们的是一位年轻的小伙子,自我介绍说:"我叫老憨,我的大名寨子里的人都不知道。"初闻小伙子名字后的错愕,在他的一番解释中烟消云散,这在我北方乡下的老家也有相似的情形。换乘老憨的四驱皮卡车前往茶园,这位 1996 年出生的年轻人边开车边介绍:"保塘有三个寨子。我们现在所在的是保塘老寨;前面经过的是保塘中寨,都是外迁来的汉族,我们家从楚雄迁到这里已经六代了;靠近古茶园的是拉祜族,他们世代居住在这里。"迁徙至保塘的汉族通过交换、买卖等方法获得了部分茶园、土地。改革开放初期,经历了分配后,买卖、交换茶园土地的情形仍然时有发生。不过,当地的拉祜族仍然拥有最多的古茶园。

　　开车穿越寨子,直奔山上的古茶园。茶园入口处有块牌子,提示茶季禁止车辆上山,违者罚款。现在这个季节,除了茶农自己上山打理茶园,少有外来之人到访。路边有停放着的摩托车,附近传来嗡嗡作响的机器声,那是茶农在茶园用机器除草的声响。道路旁边,有伫立的金属柱子,柱子上装有头顶太阳能板的摄像头。推土机挖开的土路,堪可容纳一辆车通行。上山后,车辆一直朝左向行驶,走了有一公里的路程。老憨将皮卡车贴着路边停下来,留出的道路宽度足够一辆车通行。脚穿拖鞋的他,脚步轻省,带领我们一行沿着小路往下走。途中跨越一条溪流,聂素娥老师轻声提醒老公邹东春扶一把崔梵音,以防她脚下打滑跌落水中。

　　走走停停,抬头仰望湛蓝的天空,白云朵朵。举目四望,各种植物生长得葳蕤茂盛,古茶树星散其间。耳畔溪水淙淙,鸟鸣婉转。不觉间走出数百米远,眼前出现一座简易的木棚。

春茶时节，尚有人住在这里打理茶园，而今，只留下附近的茶树花开花落。眼前最大的一棵古茶树就是西保9号，树下埋设的地桩标明了其身份。远远看去，西保9号树干壮硕，抵近细看，惜乎树干已经逐渐中空，这意味着古茶树正日渐衰老。虽说我们已来过保塘古茶园许多次，却是首次亲眼目睹西保9号古茶树。一行人在此愉快地留下合影。

　　离开西保9号古茶树，原本以为要往回走，老憨招呼我们跟着他沿着小路继续朝前走。转过一道长长的山坡，再往下走了几百米后，一座熟悉的茶亭出现在眼前，附近就是西保8号古茶树。两棵古茶树看似相距不远，但若无人带领，并不容易觅得。尤为难得的是，老憨安排周到，带领我们走的是最佳路线。来来往往，已经多次观瞻过西保8号古茶树，这次是它看起来枝叶最为繁茂的一次。或许是雨季的雨水冲刷所致，西保8号的竹木栅栏已经朽坏，让人有了难得的亲近机会。令人心生惋惜的缘由如出一辙，西保8号树干同样已经逐渐空心。我们步行下山，老憨回去开车。以往都是步行爬上来，山高坡陡，一个个累得气喘吁吁。此番顺坡下行，顿觉脚下生清风。归途中，看

勐宋山保塘西保9号古茶树

勐宋山保塘西保8号古茶树

勐宋山保塘西保8号古茶树

见路旁有一块硕大的石头，雕凿有"保塘古茶园"的字样，历经风雨侵蚀后字迹斑驳，却与这古茶园更为相宜。

走回岔路口，老憨已经开车过来，我们乘车下山到保塘拉祜族旧寨。一通电话打过去，西保9号的主人过来开门，众人团团围坐茶叙。历年来行走茶山所见，拉祜族人性格尤为内向。拉祜族名含有"猎虎"的意思，名字如此彪悍的民族，与外人打起交道却格外腼腆。闲话家常，主人扎小列有一双儿女，女儿12岁读六年级，儿子6岁读一年级，都在勐宋乡小学就读。扎小列算是上门女婿，对于别人说西保9号古茶树是岳母给他的说法，他直摇头："是我老婆的爸爸的爸爸给我的。"这种说法十分有趣。他家共有古树茶园20亩，小树茶园100来亩，还有几十亩粮田种苞谷等作物。不同于大多数的拉祜族人，他既不抽烟，也不喝酒。问起他西保 9 号古茶树鲜叶的价格，他嘿嘿一笑："不贵嘛！2000 元一公斤！"当同来的邹东春先生开玩笑说："我付点定金给你，明年随行就市，鲜叶卖给我嘛！"扎小列却笑着摇摇头，原来是有大客户买了他家的古树茶、小树茶，他已将西保 9 号鲜叶按每公斤 2000 元的低价预定给了客户，算作回馈。2019 年春天，西保 9 号古茶树只采了 8 公斤鲜叶。想想我们刚刚看过的西保 9 号古茶树的生长情况，恐怕已经算是这棵古茶树所能够承受的极限值了。没能聊上太长时间，扎小列就坐不住了，他让我们自己泡茶喝，转身急急忙忙走开了。原来他家正在忙着修建新居，需要主人时时在场招呼。保塘三个寨子中，以拉祜族旧寨古茶树资源丰厚，户均收入也高。可是大多数拉祜族人并不擅长理财，每年挣的钱大多数都花得一干二净。像扎小列这种不嗜烟酒，存钱修建新居的为数并不多。路过扎小列新居工地，他正在忙前忙后。幸福生活需要时代赋予的机遇，也需要踏踏实实地努力奋斗。

距离保塘旧寨不远，就是西保 8 号古茶树主家李进友的居所。居所占地面积极大，院子里还有一个小型篮球场。男主人不在，女主人说娘接待了我们。他们一家的户口在保塘老寨，却将房子盖到了靠近古茶园的旧寨附近。李家是保塘寨声名显赫的大户，近年来一直为知名的普洱大茶企收购、加工毛料。产茶高峰期，兄弟几人联手，一年能有 400 多吨的毛茶收购量。随着知名普洱大茶企不断分化出多家品牌，兄弟几人也将毛茶的生意做了分割，各自追随合作的品牌方。李进友家去年给客户收购了80多吨毛茶，今年却只有20多吨。自家的古茶园不多，只有几亩，其中就包括西保8号古茶树。西保8号还是在十多年前古树茶不值钱的时候，他花了几千元钱从拉祜族人手里买来的，现在看起来当然是无比划算的买卖。小树茶园则有200多亩，新栽的茶树，产量还没有上来。为满足客户的需求，主要靠收购乡邻的毛茶，一公斤有20元的利润，因为量大，仍然有可观的收入。

李进友家的大客户在普洱茶界大名鼎鼎，尤以推崇烟香茶而闻名。早年的晒青毛茶，因为加工场所、设施、设备、技术等方面的限制，大多具有烟气，阴差阳错成了部分消费者追寻的烟香，反而成了普洱茶的传统风味。2010年之后，随着晒青毛茶初制技术水平的普遍提升，加之主流观念的认知深化，有烟味的晒青毛茶不太常见了。为了迎合消费市场的需求，接续自家推崇的烟香传统风味，这家普洱茶企大胆创新，将初制好的晒青毛茶加烟熏制。征得了李家主人同意后，我们进入了正在为晒青毛茶熏烟的车间。炭盆里点燃的柴火，燃起浓重的青烟，室内钢结构货架上密密麻麻叠放着盛装有晒青毛茶的尼龙袋。短短几分钟时间，我们就一个个被浓烟呛得两眼含泪跑了出来。据主家介绍，里面熏制的晒青毛茶有八吨之多，整个熏制的过程下来总要两到三个月。前一段时间，客户刚刚拉走了熏制完的七吨晒青毛茶。听从主人的嘱托，我们只是参观了一下，并没有在室内拍摄照片。但这个经历实在太过刻骨铭心，过后回想，仍然历历在目。当我们提出想要喝一泡烟熏茶时，主人表示无法满足我们的要求，因为熏制好的毛茶已经被客户拉走了，现在这批茶只熏制了几天时间，还没什么烟味。

回到茶室喝茶，同哈尼族女主人说娘闲话家常，得知男主人曾经做过12年坝檬村副主任，在村里搞活动时两人结识，由此缔结了姻缘。说娘1986年生人，她的女儿生于2005年，如今在勐海读高一；儿子生于2017年，上的是村子里的公办幼儿园。边疆之地村子里能有公办幼儿园实不多见，一个学期只要800多元钱，两个老师教四五十个小朋友。只是中午要接儿子回来吃饭，好在离得不远，往来接送都十分方便。女主人非常年轻，容貌俊秀，问她："你是保塘寨子里最美的哈尼族姑娘吗？"说娘害羞得背过脸去。赶上了普洱茶的好行情，家道兴旺，女主人眉眼之间都是掩藏不住的满满幸福感。男主人1973年生人，做过村干部，带领亲友将生意做得红红火火，家庭也十分美满。一双儿女都随了爸爸的汉族姓氏，姐姐还给年幼的弟弟起了个豪气冲天的名字："李皓男！"李家并没有像其他家境相似的人家一样在城里购置房产。女主人笑着说："没有钱！"这只能当玩笑话来听。由于亲友遭逢变故，没能见到头天约好的男主人。传闻男主人为了维持自己的大客户，即便是有人将西保8号古茶树的鲜叶价格开到每公斤3万元，都不曾单独拿去卖，而是采制好送给自己的大客户。算下来，西保8号茶树王采制的晒青毛茶合到

勐宋山滑竹梁子普洱生茶

了每公斤 12 万元的价格。如此豪气的礼品，既显示出男主人的大气，更显现出客户的重要。

一天当中，我们瞻观到了西保 9 号、西保 8 号古茶树，到访了两棵古茶树的主家，可谓是收获满满。原本政府是为了保护古茶树资源，调研之后进行了编号，任谁也没有想到这两棵古茶树双双成为勐宋山保塘寨的茶树王，它们伴随着古树茶的热潮，演绎出了传奇般的财富故事，真实又动人。

或许是为了弥补未能品鉴到熏烟工艺晒青毛茶的遗憾，邹东春先生辗转托朋友拿到了一小袋相同工艺制法的晒青毛茶。回到勐海县城，相约益木堂堂主王子富先生共同品鉴，王子富先生一语中的："这种干毛茶熏烟，烟味很容易往下掉！"或许是经受了长时间加烟熏制，眼前的晒青毛茶色泽呈黄褐色，条形则显现出当年春茶的特征，外形细瘦，节间较长。轻手泡后的汤色黄中透红，与新茶殊为不同。干茶的烟味浓重，冲泡后热闻，烟味浓郁，完全掩盖了茶的香味。冲泡五道以后，烟味渐淡，仍然闻不到茶的香味。啜一口茶汤，整个口腔里充盈的都是烟味，除此外就只有茶的苦涩味，感受不到茶滋味的美好。叶底柔嫩，富有弹性，红边红梗明显。对于喜爱茶品本身香气、滋味、韵味的人而言，这无疑是一种超越认知的体验。

　　过往十多年来，伴随普洱名山古树茶的热潮，总有爱茶的人深入茶山，寻找茶树王，苦苦守候单株采摘，穷究各种制茶工艺，追寻的是一种巅峰的味觉体验。而在一座又一座茶山、一棵又一棵茶树王的背后，留下了各种各样的故事，衍生了无数的传说。故事里的事，茶里茶外的事，都是人与人的事，凭君品味，任人评说。

勐宋山滑竹梁子普洱生茶汤色

[茶王篇] 巴达山茶树王寻访记

每每想起当年与巴达山贺松茶树王失之交臂，都会忍不住喟叹世事无常，爱茶人与茶树王的缘深缘浅，有时竟在一念之间。时隔多年之后，为了偿还心底的那份遗憾，在这旱季再度来临的庚子年十一月，与邹东春先生相约同访巴达山，寻访贺松茶树王的遗址。

驱车从勐海出发，沿着国道直奔勐遮，然后转向通往西定乡的县乡道路。新修的柏油路面平坦宽阔，笔直地通向远方。车辆穿过坝区，笼罩在上空的雾气尚未散去，车辆行驶卷起的凉风扑面而来，已经有了侵入肌肤般的凉意。盘山而上，伴随着海拔的快速上升，灿烂的阳光洒满车身，顿觉浑身暖洋洋的。

左转折奔贺松方向，重又回到了旧日的弹石路面上，浑身颠簸的车辆让人重温了过往的记忆。老迈的皮卡车发出震耳欲聋的轰鸣声，扯着嗓子说话都听不清楚，索性静静地欣赏道路两旁的山川景色。车辆时而穿越森林，时而在森林边上绕行。巴达山的原始森林面积广袤无际，植被保护得极好，放眼整个勐海都不多见。一路经过布朗族古茶村落章郎、勐海茶厂巴达山基地，我们脚不停歇地直奔目的地贺松村。

抵达贺松村的时候，却发生了一个小小的插曲，坐在副驾驶座位上的我打不开车门了。等开车的邹东春先生从外面打开车门后，门又关不上了。眼见约好的茶农兄弟骑着摩托车头前带路，我只好坐在副驾驶座位上用手拉住车门，车辆转弯时的离心力颇大，感觉车门随时会被甩开。还好车开得不快，扣上安全带坐稳勉力拉紧车门，避免连人甩出去。邹东春先生笑言："这皮卡车本来没开几年，就是茶山跑得太多，路况又差，车辆损耗极大。前几年车刚提回来，也是在贺开山的弹石路上跑，下车的时候才发现备胎都被颠丢了。"车辆这种状况肯定是上不了山的，邹东春先生取出车上的工具鼓捣了半天也没能修好，最后只能开到村子里的摩托车维修部修理。山高路远，各种不便，说是摩托车维修部，村子里出了故障的摩托车、农用机械都送来修。修车的师傅一专多能，只是排队等候修理的人太多，手里的活计明显忙不过来。

这点小小的差池自然难不倒约好的90后茶农兄弟，这位名叫兰哥的哈尼族小伙子跑去找朋友借了一辆四驱越野车救急。兰哥开车载着我们穿过寨子，左转上了进山的土路，一路在森林间缠山而上，足足开出了五六公里，车辆停放在一个水库大坝边上。修建于20世纪90年代的这座水库是周边村落的饮用水源，水库不大，名字却很大气——贺松茶王树水库，想来当年也是为了借助茶树王的名头。当然，水库处于通往茶树王的必经之路上，水库如此取名也是常规叫法。兰哥下车前细心地往随身斜挎布袋里装了三瓶矿泉水，然后带领我们步行前往茶树王遗址。

时近中午，阳光炽热，穿行在茂密原始森林里的小路上，浑身感受到的却是一种山林间的森然凉意。头顶的大树遮天蔽日，脚下的小径铺满厚厚的落叶，耳畔不时传来昆虫的鸣叫和婉转动听的鸟啼声，和着林间的风声、山间淙淙的溪流声，宛若大自然的合奏曲，声声入心。一路上，不时有小片的茶树林映入眼帘，细细观察不难发现，几乎没有任何人为管护过的痕迹。兰哥说："那些都是野生茶树，很多年前，寨子里曾有老人家移栽到自家的茶园，采制的茶叶非常特别，只是数量非常稀少。"茶树旁边有地方政府竖立的古茶树资源保护牌，也印证了这些茶树的珍贵。

　　一路前行，不时有倒伏的大树横在路上，亦有寄生植物缠绕在大树上，寄生植物已经将大树绞杀，自身反而逐渐长成了大树的样子。物种间的生存争夺，无时无刻不在进行。

　　徒步而行半个多小时过后，我们抵达了贺松茶树王遗址。遗址四周草木葱郁，只有一座世界茶祖纪念碑亭伫立在原地。据亭中石碑正面《古茶树王记》一文中记载：2012 年 9 月 27 日，世界闻名的巴达山贺松 1700 年古茶树，由于极度衰老，根部中空，经受不住大风，被刮倒，后经何青元、曾云荣等专家现场勘察鉴定确认其为自然死亡。勐海县政府专门发文，决定将茶树王枝干交由勐海一家茶业公司长期保存。2013 年 1 月 30 日，贺松 206 户村民，每家都派出了劳力，将古茶树王搬移至山下，然后由村民代表一路护送安置到勐海县八公里工业园区勐海一家茶业公司景观区茗趣苑一楼，后经研讨后采用科学手段防腐处理后保存。石碑背面碑文记述：茶树王发现于 1961 年 10 月，由云南省农科院张顺高、刘献荣实地考察后确认为千年野生型古茶树。树高 32.12 米，根茎 2.9 米，后经大风吹断后主干剩余 14.7 米。1962 年 1 月经专家联合认

巴达山贺松世界茶祖原址纪念碑亭

巴达山贺松古茶树王纪念碑

定，树龄超过 1700 年，成为当时发现的世界上存活树龄最长，树势最高、最大的古茶树，被誉为"野生茶树王"，于 1992 年 5 月载入陈宗懋主编《中国茶经》"茶史篇"中。巴达山贺松茶树王的发现推翻了"印度是世界茶树原产地"的论调，有力证明了中国才是世界茶树的起源地中心之一，其意义重大而深远。石碑为勐海县人民政府所立，落款时间为 2013 年 9 月 9 日。

思过往，念当下，愈发让人觉得满心惆怅。2012 年春访茶勐海，我们曾经无比接近巴达山贺松茶树王，但由于接近行程的尾声，一行人十分疲惫，召唤大家拜谒巴达山贺松茶树王的提议无人响应，只得无奈放弃，孰料就此成为永远无法弥补的遗憾。之后连续多年间访茶巴达山，无数次路过贺松，往事都会涌上心头，时时提醒我们珍惜当下寻访茶树王的每一次机会。

巴达山贺松茶树王从被发现起，历经劫难，被大风拦腰摧折过一次，逐渐树老心空，最后又是被大风刮倒后彻底衰亡。听兰哥说：寨子里的老人发现，在茶树王倒伏之前，就有旁边的树木先行被风刮倒，砸坏了旁边看护茶树王的简易窝棚，以至于无人靠近茶树王，随后茶树王倒伏衰亡。笃信万物有灵的哈尼族人认为这是茶树王最后一次护佑族人。当年为了护送茶树王下山，政府专门出资用挖掘机铲出了一条路。据说勐海某茶业公司为此拨出专项资金。"我们寨子出人出力，可是没人见到一分钱。"兰哥似乎是在喃喃自语。

仔细观察茶树王遗址碑亭，亭檐下横梁上刻有"世界茶祖原址"等字样，是由勐海某茶业公司于2013年捐建的。或许同兰哥和其他哈尼族人猜测不同，资金有可能被用于捐建碑亭、保护茶树王，而不是发放到寨子里的人手上，毕竟生长在森林里的巴达山贺松茶树王实际上归属于国家所有。"茶树王活着的时候，每年来参观的人还是挺多的，自从被移走之后，就很少有人来了。"兰哥说完顿了一下，然后反问，"来看什么？看这座亭子吗？"碑亭固然有纪念意义，但在兰哥的眼中显然远远比不上活着的茶树王，想必这也是大多数人的认知吧！

就在我们驻足碑亭唏嘘感叹的时候，兰哥告诉我们说："一直往前走，不远处还有一棵大茶树，就是没人论证过。"虽然他上学就只读到了初中毕业，但这个年轻的哈尼族小伙子显然很清楚贺松茶树王的显赫地位来自专家论证。听到这样的消息，还是让人喜出望外，于是连声催促他带我们去实地查看。继续沿着林间幽径深入森林更深处，果然，没走出多远，在跨越了一条溪流，爬上一个山坡之后，首先映入眼帘的是一个政府竖立的古茶树资源保护牌，然后就是斜坡上围绕着一棵大树拉起的铁丝网。显然，这是一棵身份确定无疑的大茶树了。举目仰望，大茶树树干笔直高耸，直插云霄，目测至少有30米高。前些年山头茶火热的时候，曾经有人带着无人机来航拍这棵大茶树，结果无人机意外掉落在了大茶树上。为了找回价值不菲的无人机，拍摄方给出了1000元的报酬。兰哥用手一指，一根粗壮的藤蔓绳梯般缠绕在大茶树上，当时就有茶农顺着藤蔓爬上去，从大茶树上取下了无人机。看着足有 20 多米高的藤蔓，想想那顺藤攀爬的情形就让人心惊胆战。低头看看大茶树粗壮的树干，目测并不比衰亡的贺松茶树王小多少。想要靠近过去实地测量并不容易，坡很陡，遮天蔽日的林荫下，地上杂草丛生，露水终日不干，十分湿滑。大茶树的下方，一条溪流潺湲流向远方，顺着溪流往上游看，附近还有一个瀑布。这要是失足掉下去，可不是闹着玩儿的。对我们来讲，能够看到这棵足堪与贺松茶树王比肩的大茶树就那么英姿勃发地生长在森林里，已经心满意足了。这棵大茶树的树龄和价值还是等待专家们来实地考察验证吧！

往回走时经过贺松茶树王纪念碑亭不远，兰哥带领我们右转岔入一个山坳，爬上坡去，又有一棵高高的古茶树出现在眼前。树干上还挂着一个牌子——"西双版纳勐海 202 号"，落款是"西双版纳州农业局制"。显然又是一棵受保护的古茶树。幸运的是没有遭受周边大树荫蔽，古茶树枝叶生长十分繁茂。古茶树不属于私人所有，每年茶季都是最先采下来鲜叶者受益。难得来一次，邹东春先生与兰哥在树前愉快地拍照留念。本来兰哥还要带领我们往深处走，说是附近还有大茶树，我们已经收获满满，也累得够呛，商议后决定一起往回走。兰哥边走边说："有人在森林里发现有大茶树，绝不会把茶树的位置告诉别人，等茶季自己悄悄采回鲜叶做茶。"原本在我们的心目中，就只想着衰亡的贺松茶树王，无意间忽略了在这莽莽苍苍的大黑山原始森林中的古茶树群落，同样也是倍极珍贵的资源。想到这里，失落的心情得到了慰藉，顿时有了柳暗花明后的愉悦。回去的路上，碰到了兰哥同村的族人，在农闲时节进山采摘野果。他分了两个硕大的"足球果"给我们品尝。掰下来一瓣，用嘴吸一下，先把硬核吐掉，能吃的就只有小小的一点，余下部分看似果肉，味道却酸涩无比。这可真是意料之外的收获，如同我们此番寻访茶树王的境遇，每一点收获都来之不易，都是辛劳汗水的结晶。

回到贺松寨子兰哥的茶叶初制所，问起他家可有祖父辈老人从森林里移栽回来的茶树，兰哥顺手指向院子边上一人多高的茶树说："这些都是！"当我们提出想要尝尝时，兰哥无比遗憾地回答说："这个量太少，根本就没有卖的，自己手头早就没有了。"或许是感觉到我的遗憾，邹东春先生提议让兰哥打电话问问亲朋好友。一通电话打下来，还真是运气不错，兰哥骑上摩托车跑去找来了一小袋毛茶。烧水泡茶的当口，仔细审视这干茶，外形条索极长，非常松抛，干茶呈现泛黑油亮的色泽。冲泡后的茶汤色泽极为浅淡，近乎白金色，清澈透亮，闪现出诱人的光泽。入口的滋味极为细腻淡雅，与浓烈苦口见长的巴达茶殊为不同。香气幽然，似有若无。叶底略显红边，柔嫩且富于弹性。饮罢唇齿回甘，能够感受到一种强烈的山野气韵。真是让人惊叹的一种茶品。

趁着天色尚早，我们告别兰哥，去摩托车维修店取车。车还真给修好了，淳朴的哈尼族修车师傅不肯收钱，我们只

巴达山勐海 202 号古茶树

野果

好将这份情谊记在心里。驱车离开贺松往回返，直奔勐海八公里工业园。或许是意料之外的收获滋生出的身心愉悦，回程的路途比来时顺畅且省时。已经预约好了勐海某茶业公司的负责人，安排公司接待人员带领我们参观。参观完公司的文化长廊、生产车间后，来到位于中心位置的景观区。沿着修造成树木年轮纹饰的台阶拾级而上，直奔位于最高处的茗趣苑。从外面观看茗趣苑的外貌，宛若一个巨型的树根，进入到大厅，我们久已思慕的巴达山贺松茶树王的枝干就放置在地板上。梁上挂着一幅红条幅："1700 年野生茶王树的发现，奠定了中国是世界茶叶发源地的地位！"走近细看，茶树王遗存主干全部中空，但仍然可以看出根部壮硕。茶树王

巴达山普洱生茶

前设有香案，供虔诚的寻茶人拜谒。邻近的墙上，有关于贺松茶树王的文字介绍，还有专为茶树王设计的"茶王宫"图，依照规划，茶树王将来要安置在"茶王宫"中供人瞻观。

　　登上茗趣苑顶上的观景台，八公里工业园区一览无遗。对面的一座山形似卧佛，山上林木茂盛、茶园青翠。在这彩云之南的西双版纳，众多的少数民族世居于此。他们延续着自身的民族信仰，或崇信佛教，或尊崇万物有灵，坝区的稻作、山区的茶作，世世代代赖此为生。因了普洱茶，众多的茶企云集于此，依茶为业，以茶为生。寻访茶树王的历程，就是寻觅事茶人初心的历程，愿每一位事茶人莫失莫忘，饮茶思源，情系古茶，感念恩德。

巴达山普洱生茶汤色

巴达山普洱生茶叶底

[茶王篇] 老曼峨茶树王寻访记

冬月的云南古茶山上，一天当中最惬意的时光当属这夕阳西下的黄昏。临窗而坐，约二三好友相对饮茶，沐浴在温暖和煦的阳光下，内心里是满满的幸福。窗外鸟鸣婉转，谁又能解这声声鸟语？它是否如我这般眷恋这美好的时光，不忍日落花睡去，故燃篝火煮茶香？

　　过往的十年中，无数次到西双版纳入山寻茶，眼见着旱季、雨季周而复始，青山依旧，绿水长流，年复一年增寿的不独有古茶树，亦有与茶相守相伴的人们。

　　又一次来到布朗山乡老曼峨寨子，少了茶季人来人往的喧嚣，寨子里依旧有许多人家趁着茶闲时节修建新房，这种情形已经持续了多年，在可以预见的将来，仍将持续下去。端赖于普洱茶市场的热络，短短数年间就重塑了这布朗族山寨的面貌。这是一个过往上千年历史中变化最剧烈的时代，人们身处在时代的洪流中，被裹挟着奔向未知的远方。

　　将车辆停放在老曼峨佛寺里，正午时分，寺院里一个身形胖胖的小和尚身披袈裟正在打篮球。同来的邹东春先生向他询问："知道帕楠丙人在哪里吗？"这个看上去眉眼间带着青稚的小和尚说："在下面寺院里。"再问他可否知道帕楠丙的电话号码，像是00后的小和尚语气颇有些生硬地回复："不知道！"这让同行的舍弟马博峰有些不解："出家修行的人，为什么有这么大火气呢？"好在他近乎喃喃低语的话，并未被旁人听了去。

　　十一月我们就曾来过一次，就是在这座名为瓦拉迦檀曼

俯瞰老曼峨寨子

老曼峨佛寺

峨高的寺院里，结识了寺院的长老帕天尖坎和另一位和尚帕楠丙。原本我们期望能够与长老帕天尖坎进行交流，奈何受阻于语言的障碍，长老只能说几句简单的汉语。及时出现的帕楠丙将我们从艰难沟通的窘境中解救了出来，相比于我们相识的老曼峨寨子布朗族年轻人，他的汉语表达能力相当好，可以进行顺畅的交流。

在对帕楠丙的访谈中，我们得以知悉这个笃信佛教的布朗族家庭的故事。布朗族的传统中，男子或长或短都有过出家的经历。帕楠丙是家里的老七。在兄妹七人中，目前出家的就有四位：瓦拉迦檀曼峨高的长老帕天尖坎是他的二哥；四哥帕楠布三个月前被派往靠近布朗山乡的一座寺庙做主持；二姐出家后目前在山顶上的瓦塔供修行；大哥出家后又还俗回到寨子，大哥和五哥都已娶妻生子，靠着茶叶过活；在家的大姐嫁到了勐海。

出家后在寺院中的生活，除了诵经、修行等出家人的事务，日常饮食与汉地佛教不同，主要靠寨子里族人的供奉，并不要求素食，供奉有什么就吃什么。供奉多了，能保存的留下，也会施舍给需要的人。帕楠丙看了一眼卧在身旁的一只狗说："这只狗来到寺院后不肯走，那就是有缘，所以留了下来！"作为出家人，帕楠丙保持了过午不食的习惯。"有时候年轻人实在饿得顶不住，最多也就是吃一点水果补充一下。"不擅汉语表达的长老帕天尖坎裹着毯子盘腿坐在靠背椅上。据帕楠丙介绍，整个布朗山乡，修为最高的大佛爷在章朗，二佛爷就是老曼峨的长老帕天尖坎。他说："出家后也还是要不断修行，否则只是有一个出家人的身份，别人也不会从内心真正尊重你。"

喝了茶，帕楠丙提议带我们去看老曼峨的茶王树、茶后树。我们一行起身出了寺院，右拐拾级而上。眼前的一幕与记忆中大不相同，原本这里建造有一尊背山而立的佛造像，如今却被后来加盖的楼阁彻底罩在里面，旁边只留有一个卷闸门。问及缘故，他叹了口气："我们都是茶农嘛！建起来了才知道违规，只好按照要求重新加盖罩起来了。前前后后差不多花了两百多万元。"

继续沿着古茶园里的小路前行，二百多米后来到老曼峨茶王树、茶后树的围栏前。之前也曾经多次来看过茶王树、茶后树，却从未追寻过它们的身世。这两棵古茶树原本属于帕楠丙的妈妈所有，三年前将其收益捐给了集体，用来接济需要的人。我们这才注意到，茶王树、茶后树前的木牌下端刻有"集体"的字样。帕楠丙用手抚摸着茶王树木牌的顶端说："看，一芽二叶。"顺着他的手指看去，果然有栩栩如生的图案刻画。"如果因为这两棵茶树大家不开心，我妈妈有权把茶树的收益要回来。"当天阳光灿烂，光线从浓密的枝叶间隙透射过来，熠熠生辉。"来，我们一起合个影！"我端起相机，将帕楠丙、邹东春先生的影像定格下来。茶王树、茶后树周边的茶地都交由帕楠丙还俗后的大哥岩温坎打理，每年春茶一季的干毛茶产量能有 80 公斤左右。他指着正对茶王树、茶后树的一棵古茶树说："我们前些天请了个基诺山的师傅，他说修剪过的茶树发得更旺，试着先修剪一下，来年看看效果。"我随口问道："茶季你会帮家里炒茶吗？""也会，只是干活不怎么行。"他笑着回答。

十二月再度前来，没有在瓦拉迦檀曼峨高找到帕楠丙，按照小和尚的指引，我们三人沿着街道往下走了没多少步路，就来到了处于地势下方的寺院。寺院的建筑规模较上面的寺院小上许多。在院中转了一圈，却是空无一人。邹东春先生再次尝试拨打帕楠丙的微信电话，幸运的是这次电话接通了，我们获知了他确切的位置，在位丁山上的瓦塔供。

回到瓦拉迦檀曼峨高佛寺，驱车前往山上。瓦塔供位于山顶一个平坦的所在，除了一座巍峨的佛塔，建好的就只有几座竹木构造的瓦房。帕楠丙迎

老曼峨茶树王

瓦塔供

了出来，招呼我们进屋喝茶。擦身而过的两位比丘尼，其中一位面貌同帕楠丙很像，随口一问，果然是他出家的二姐，瓦塔供也暂且成了比丘尼修行的道场。

喝茶的木屋，前面是茶舍，后面是禅房。大家脱下鞋子，盘腿围坐茶叙。仅仅过去一个月，进入冬月的茶山，天气陡然变冷。十一月来的时候，衬衣外面加上一个薄外套就可以，此番前来穿着冬装外套方才觉得保暖。这山顶上的禅房茶舍，在这暖阳照耀下安闲舒适。听闻这里还是要搞建设，主要用于禅修。"全国各地的人都可以来，可以体验一下短期出家的生活。"帕楠丙畅想着未来。

问及他的大哥岩温坎，说是在家。在我们的提议下，帕楠丙和他同在曼峨高出家的发小帕楠光甩一起开车前头带路，我们驱车紧随其后，从山顶瓦塔供回到山下寨子里的岩温坎家。眼前的楼房是岩温坎的新居，门前他岳母怀里抱着只有几个月大的正自酣睡的小外孙女。新房打扫得干干净净，室内铺的是木地板。上至三楼客厅，帕楠丙、帕楠光甩两个人习惯性地披

茶舍禅房

着毯子盘腿坐在沙发上。大哥岩温坎忙着煮茶招待大家。完全是茶农居家生活的方式，看不出旧有出家经历的痕迹。

大哥岩温坎今年四十四岁，十七岁出家，五年前还俗，如今养育有两个女儿，大的三岁。"我老婆的妈妈说我们有两个女儿，可以再生一个儿子。"岩温坎边说边笑，满脸幸福。问及他当年出家的经历，说是曾在泰国求学修行多年。还提及一件趣事，在他二十六岁那年，托钵乞食过程中，曾经有少女把求爱信放入钵里，但后来并未进一步发展关系。许多年过后，三十九岁的他结识了巴达山布朗族姑娘，两人互生情愫，姑娘问及他的年龄，他开玩笑说："二十八岁。"姑娘虽不信，却表示并不介意，后来他还俗后，相差二十岁的这对情侣喜结连理。

十七年前，帕楠丙父亲去世，母亲肩负着养育七个儿女的重担。1995年出生的帕楠丙是最小的孩子，提及往事，他连声感叹："当年的茶就几毛、块把钱一公斤。"2011年，帕楠丙出家后不久，他五哥就还俗了。他五哥结婚成家后，从母亲手里分得了属于自己的一块茶园，如今养育有两个孩子，今年大的六岁，小的三岁。2015年，老大岩温坎还俗，然后结婚生子，如今家里大部分的茶园都交由他打理。承继自老人手里的茶园，加上新开的茶园，总计有将近200亩。"古茶树不多，大大小小有500多棵。"一年下来，收入总有一百多万元。老大岩温坎以长兄如父自比，新造的房子是在妈妈的名下，将来如果有兄弟还俗，同样要分给其茶园。

谈及母亲捐给老曼峨集体的茶王树、茶后树，老大岩温坎扭头同弟弟的发小帕楠光甩确认了一下："由村集体承包给台湾的茶商 5 年，承包费用 36 万元。"至于茶王树、茶后树单株采摘数量，岩温坎摆摆手，又摇了摇头，表示："之前都是混采的，没有单独采过。"

　　时光仿佛又回到了从前，经由邹东春先生的引荐，在景洪告庄福元昌茶号，第一次见到了帕楠布（布朗语名），他习惯称自己为都比布坎（傣语名）。极为难得的是他的汉语表达流畅，第一次让我们知晓了他们家族与老曼峨茶王树、茶后树的故事。

　　一座座古茶山，一个个名村寨，一棵又一棵的茶树王，或来自官方的命名，或来自民间的拥趸。每一棵茶树王的背后，都有着围绕普洱茶命运起伏的家族故事。家国的命运、宗族的兴衰、人生的浮沉，都借由这茶叶铺陈开来，书写出平凡世界的世情百态，凭君品读，任人评说。

老曼峨普洱生茶

老曼峨普洱生茶汤色

老曼峨普洱生茶叶底

[茶王篇]

班章茶树王寻访记

喜欢住在云南古茶山上的日子，每天清晨，远近传来的公鸡打鸣声，时而伴随着几声犬吠，鸟鸣声声，婉转悠扬，奏响了一曲晨起交响乐。早晨的阳光透过落地玻璃窗，洒落一地金黄，仿佛在召唤远道而来的人们，又是一个寻茶的好日子。

此行的目的地是新班章，那里是班章村委会的驻地。犹记得多年前第一次到访新班章，迎面碰上的第一个人就是班章村委会的支书李刚，面对我们的询问："这里是新班章吗？"李刚加重语气告诉我们："这里是班章，不是新班章。"李刚支书的话道出了班章人的心声，就连近年来新修的寨门上书写的也是"班章"。看似简单的寨门，前前后后拖了几年才修好，原因就在寨门的命名上。寨子里的人不喜"新班章"的名字，想要直接写"班章老寨"，据说有地方政府领导不同意，协商的具体过程不得而知，最后的结果是进出的两个寨门上

俯瞰新班章寨子

班章村寨门

写的都是"班章"。班章村委会下辖老班章、新班章、老曼峨、坝卡囡、坝卡竜五个村民小组，作为班章村委会行政中心，写作"班章"当然是合情合理的。

此番与我们相约的是新班章的茶农兄弟杨卫华，到达他家的时候，眼前所见完全就是一个建筑工地，原有的住宅在我们看来已经足够敞亮，主人犹嫌不够，在原有房屋的周边继续扩建。据主人介绍："房子全部建成之后有两千多平方米。"总的造价超过400万元。放眼整个布朗山乡，新班章的富裕程度紧随老班章之后，家家户户不停地新建、扩建房屋几乎是常态。杨卫华夫妻只有一个女儿，问他为什么不再生一个，他笑嘻嘻地回答："养不起！"我们听了哈哈大笑，当然只能当玩笑话来听。算下来，一家三口人均住房面积接近700平方米。而在平素的茶闲季节，一家三口都住在山下的勐海县城。大多数的村民都在县城购置有住宅、商铺。山上家里的住宅只有在茶季的时候才派得上用场。

杨卫华开着吉普四驱越野车带领我们去看茶园。出了寨门不远，右拐后驶入一条水泥路。据说这条通往茶园的水泥路是每户人家集资15000元修建而成的，总造价在150万元左右。除此以外，每家还必须上缴2公斤干茶，不拘大小树，但必须要春茶，用来打理方方面面的人情世故。开出去没多远，道路再次出现分岔，水泥路通往右手边方向的茶园，我们的车辆则左转沿着弹石路向前奔去。在一个较为宽敞的地方，杨卫华停下车，先带我们去看他家的茶园。沿着斜坡小路下行没有几步路，眼前就是杨卫华家的茶园，密密麻麻的古茶树中间隐约显现出一个脚手架，这里生长着杨卫华自家的茶树王。走近去看，确属基部壮硕的古茶树。这棵古茶树最近几年被一家企业包了去，每年到了春茶开采的季节，大小车辆载来许多人，热热闹闹地举办开采仪式。单株采摘的古树茶价值不菲，毛茶以公斤论价，前年8万元，去年10万元，今年12万元。一棵树采制3公斤左右干毛茶，算下来总价数额不菲。此外还有20多亩古树茶园，40多亩小树茶园，顶着班章的名头，总的收入有保障，扩建新宅有着雄厚的资金支持。

继续上车前行，杨卫华指着旁边林下说："以前我们寨子就在这里，还遗留有房屋地基，这里就是班章老寨，后来才集体搬迁到路边上的。"新班章哈尼族人心心念念的班章老寨名号就源出于此。行至路尽头，停放好车辆，杨卫华指向前方说："翻过前面这道山梁就是老班章了。"沿着小路往下走，为了方便行人，专门挖有台阶。一棵大树树老心空，倒伏下来横在路上，一行人攀援翻越而过。树木，总归是有寿命的，或早或晚，终将归于尘土。

班章老寨的古茶园生态相当好，树木林立，林下有茶，茶树长势茂盛，触目所及皆是壮硕的古茶树。我们不时要低下头，避开斜生的树枝，从茂密的茶树丛中穿过。行不甚远，眼前豁然开朗，面前搭着脚手架的就是班章茶树王。树上悬挂有牌子，上书"班章一号茶王"，下面还留有主家的姓名、电话、家庭住址。早在四年之前，班章村支书李刚就带领我们来看过这棵茶树王，只是当时还没有搭建脚手架，周围只是简略地围挡了一下。我们用随身携带的皮尺测量，靠近基部的围径在150厘米以上。树枝上还悬挂有一个蓝色的小标牌"西双版纳州海331号"，落款为"西双版纳州农业局制"。再次见到这棵茶树王，四周钢丝围栏的面积扩大了很多，轻易难以近身与茶树王亲密接触。举头仰望，茶王树旁边立有一个高高的金属杆，上面悬挂有风力、太阳能双重电源的摄像探头。

再次探访过茶树王之后，我们驱车回转班章寨子。已经约好了下午在勐海县城与茶树王主家见面，于是不再停留，与邹东春先生一道驱车经由坝卡囡、坝卡竜、南很一线下山。新冠肺炎疫情特殊时期，沿途不时碰上设卡检查，有的是民兵要求登记车牌，有的是武警要求扫码认证。邻近国境线，严格的检查自然是必要的，辛勤的边疆卫士，守护着一方人民的健康安全。

下午三点钟，我与邹东春先生、舍弟马博峰一行如约来到班章茶树王主家开在勐海的茶店。主人是一对年轻的夫妇，

新班章茶树王

测量新班章茶树王围径

男主人名叫李成东，今年33岁，女主人名叫李海燕，比自己的老公大一岁。两人育有一个8岁的女儿，在勐海县城读小学二年级。夫妻两人都生于班章寨子，女主人曾与男主人的姐姐是同学。性格开朗大方的女主人诉说起当年求学的辛苦："小学在寨子里读，初中在勐海读。直到2000年，每次回家都是搭车到勐混，然后步行走小路回班章。一趟下来要一天的时间。"往事并不遥远，只是回想起来，恍若换了人间。男主人李成东虽然没有媳妇书读得多，但是拥有清晰开阔的思路。李成东兄妹三人，姐姐嫁到了墨江，如今在普洱市做茶叶生意。先成家的哥哥从父母处分得了一半茶园，大女儿14岁，小儿子7岁。同父母一起生活的李成东除了与哥哥平分的茶园，还拥有茶王树。他一直与父母生活在一起，养育父母的重担自然也落到了他的肩上。今年64岁的父亲数年前身体抱恙，经由多方求医问药，终于在上海找到了医术高超的医生，经过诊治后不能再负担活计，待在山上家里颐养天年。夫妻二人逢上节假日，都会开车带着女儿回山上陪伴老人，共享天伦之乐。

数年前老人刚检查出罹患重疾时，也曾经按照哈尼人的传统，尝试了各种诊治方法。李海燕感叹："有些就是迷信，钱也花了不少。"在勐海县、普洱市诊疗后效果都不理想，最终还是在上海医生的诊治下身体大为好转。连年的求医问药，自然花费不菲。所幸还有茶叶带来的福荫兜底。据李成东所说："古树茶园20多亩，产出有一百多公斤；大树茶园

80 亩，产出三四百公斤；小树茶园 20 亩，产出一二百公斤；总的算下来一年有接近一吨的产量。"

引人瞩目的主要是班章茶树王，据李成东所说：早在 2007 年，茶树王就有 20000 元的收益，在当年算是特别高的。真正价格大幅上涨是在 2016 至 2017 年，茶树王每公斤干茶的价格达到了 80000 元至 88000 元。"2018 年就只卖了半公斤，出资 160000 元买了半公斤茶的主顾是一位老人家，相中了茶树王，少买了一点茶自己喝。余下的都被我们喝了！"李海燕笑着说。随口一问："茶树王的茶好喝吗？"李成东想了想说："茶还是有很特殊的韵味的。"2019 年，来自昆明的买家以每公斤 380000 元的价格将茶树王所产之茶收入囊中。买家专门派了一个懂行的人来，按照要求采摘，总共采了 10 公斤鲜叶，炒了两锅。李成东自己

新班章茶树王

炒了一锅，他堂哥帮忙炒了一锅。"第二天茶没有晒干，晚上直接抬到了人家屋里，担心万一被旁人抓了一把去不好交差，最后连茶末都没给我们留一点。"李海燕补充说。在我们看来，茶树王干毛茶总计重量只有 2.2 至 2.3 公斤，买家耗费巨资后的这种行为是可以理解的。2020 年春天，班章茶树王停采养护，主人畅想未来，希冀来年能够带来更高的回报。每个人的心底都埋藏着希望，期盼着明天更美好。

茶叙期间，男主人李成东拿出来一袋子茶，说是茶树王同地块的古树茶。女主人李海燕泡给大家品尝。虽然是遭逢了干旱天气，茶条较往年显得细瘦，梗细而长，但干茶色泽依然油润。冲泡后，汤色呈现浅淡的黄色，清澈透亮。细闻香气，仍然是馥郁典雅的花香。滋味入口苦，苦中微带涩感，回甘强劲持久。叶底肥嫩，略带红边。仍然是山野气韵强烈的上好茶品，有着班章茶惯有的风韵。

说起店面的经营状况，李成东直言不讳："来的都是老主顾，平常都是待在家里，不怎么来店里。"女主人李海燕扭头看看窗外街对过的新建楼盘工地，用略带抱怨的语气说："这里就是灰大得很，隔几天不来打扫，到处都是灰。"被誉为"普洱茶第一县"的勐海，伴随普洱茶的热络，产业蓬勃发展。名山古树茶的热潮给班章等名山寨带来了滚滚财富。富裕起来的村民纷纷到勐海县城购置房产，加上大量外来购房人员的涌入，支撑了勐海县城房地产的发展。新城楼盘的建设，必然会导致扬尘等使人困扰的现象发生。

过往十年可谓普洱名山古树茶的黄金时代。而今热潮渐渐褪去，就只有以班章等为代表的出产顶级普洱茶的村寨还在坐享最后的红利，许多名山古树茶的整体价值，已经远远超越了大多数的各类名茶。未来，普洱名山古树茶终将会回归正常的发展轨道。

我们走过了一山又一山，我们走进了一寨又一寨，我们探访了一个又一个茶树王的主家。茶树王，名山古树茶王冠上的明珠。茶树王的价值走向，预示了未来普洱茶市场的发展趋势。无论是成为古树茶价值图腾的茶树王，还是茶树王背后的家族，都被裹挟在普洱茶时代的潮流中，一起被带往未知的远方。

班章普洱生茶

班章普洱生茶汤色

班章普洱生茶叶底

[茶王篇]

老班章茶树王寻访记

新年将至，庚子冬月的茶山，寒流不侵的日子，正午犹若阳春，早晚却似仲秋，漫山遍野的樱花盛开，正是一年当中最悠闲的时光。

茶园中樱花绽放

过去十年当中，每逢春秋茶季，一次次登临布朗山，前往老班章寻源问茶。就在最近一个多月的时间里，已经三次前往老班章寨子，寻觅老班章茶树王背后的故事。

俯瞰老班章寨子

从勐海县城驾车出发，按最常走的线路，经贺开村前往目的地。经过班盆寨门的时候，我们的车辆被拦了下来，驾车的邹东春先生掏出手机扫过健康码后方才被放行。行至老班章寨门口，村民正忙着张灯结彩悬挂条幅庆祝元旦。这次要求我们扫行程码的是位正在值勤的哈尼族年轻女性，胸前佩戴的徽章显示了她党员的身份。

老班章寨门

她要求我们登记车牌以及将要前往的村民户号，并且留下联系方式，看了我们的绿码后挥手放行。

来之前就已经约好了相识多年的茶农车四，恰好他刚刚也是从山下勐海回来过新年的。我们进门的时候，车四的老婆正在忙着把山下采购回来的鲜花栽种到门口花坛里，准备将院子收拾得漂漂亮亮的迎接新年。最近几年，车四家一直在不停扩建新居，为了上下楼运茶方便，还特意为这幢三层楼装上了电梯。

上到三楼，四下打量，这幢别墅已经装修完毕。或许是地方实在是太大了，平常只有年过半百的车四夫妇在家居住，根本就忙不过来，到处都是一层薄薄的灰尘。

进到茶室里坐下，车四的儿子四二进来招呼我们。1989年出生的他初中毕业后留在家里做茶，如今的他已过而立之年，养育着一双儿女，上幼儿园的儿子三岁半，女儿一岁多。平素里夫妇二人都住在县城购置的房子里，买了间商铺主要用来招待客户，闲暇时间的爱好是钓鱼。

泡茶的当口，车四走了进来。他看上去气色不错。如今儿子已经成家立业，1994年出生的女儿四兰大学毕业后在景洪告庄开了间茶店。

边泡茶边闲聊，说起今年茶叶的收成，四二说："30多亩古树茶园，40多亩小树茶园，有400多公斤的产量。"今年的行情，老班章混采的小树茶每公斤的价格在8000元上下，古树茶每公斤的价格在10000元以上。谷花茶行情差不多相当于春茶的一半。雨水茶则不分大小树，价格相当于谷花茶的一半。"今年收入有五百万吗？"四二摇摇头："三百万多一点。盖这个房子，前前后后就花了六百多万元。"若论茶园的面积，车四家在老班章寨子算是中等人家，并不算大。

向车四询问老班章茶树王的缘起，他回忆说："2007年的时候，寨子107户人家，每家出二两茶，去参加茶王赛，最后获得了金芽奖。"后来时任会计的车四与时任村民小组组长的三爬等人商议后，共同选了一棵古茶树为茶树王。"反正这棵古茶树是杨永平家的，收益与集体一点关系都没有。"

虽说喝的是老班章谷花茶，仍然是山野气韵强烈，入口苦中微带涩味，回甘强劲持久，香气芬芳，稍微有点轻飘，汤色金黄明亮，只是干茶条索有些细瘦，但仍不失为上好的茶品。

喝罢茶，我们起身打算去看看茶王树。车四追了出来，提醒我们说："茶树王地块正在修观光栈道，不给看的。"我们谢过车四的好意提醒，其实抵近细看茶树王于我们并没有多大吸引力，过去十年当中来来往往，看的次数实在是太多了。

好奇心驱使我们去看看观光栈道的修建情况。邹东春先生将车辆停放在停车场，然后一同步行沿茶树王大道的水泥路往前走。茶王地附近，悬挂有红色的条幅："栈道施工中，无关人员请勿进入。"临时停车场堆放着角钢等材料，施工人员正在切割角钢。沿着既往通向茶王地的台阶，栈道已经初具雏形。看施工的进展情况，应该在春节前就可以完工。

为了安全起见，同时也要遵从村民小组的规定，我们并未冒险走近茶树王，而是远远地看了一眼就转身离开了。

回到停车场，对面就是曾经担任过老班章村民小组组长的三爬的家。三爬家里正在修建新房。进到院里转了一圈，邹东春先生扬声呼唤："家里有人吗？"主人的车辆停放在空荡荡的院落里，家中却并无一人。

上山之前，就曾辗转联络上了三爬的女儿爬度，去到她家在勐海县城新开的茶店里。将近400平方米的空间，正在进行装修收尾工作。正对大门的位置，条案上供奉着佛造像，这让人有些意外，与崇拜万物有灵的哈尼族人习俗并不相符。靠近书房的位置挂了满墙的注册商标证书，早在2013年就注册了"三爬"文字及图形商标，

老班章茶树王

围绕老班章茶树王修建的观景步道

2018年注册了"三爬公主"商标，注册人的名字是杨政文。引人瞩目的还有2019年注册的"老班章"商标，注册单位是勐海县老班章茶叶有限公司。门口泡茶桌对面的墙上挂着的是不同时期的老班章寨子照片，其中有一张是一位年轻帅气的青年男子与茶树王的合影。爬度指着旁边一位中年男子说："那是我男朋友，茶树王就是他命名的。"那位先生颔首称是，语调带着南方口音说："那是2005年的照片。"看到我背着相机，店里的小姑娘提醒说："我们店里不允许拍照。"向爬度求证后，方才得知三爬的汉文名字就是杨政文。随口问道："到处都是打着三爬名字的老班章，就没有想过打假吗？"她叹一口气："打不过来呀！"单是从外表和言谈举止上看，这个90后的年轻女孩，已经与汉族的时尚姑娘没有多大区别了。

老班章村民小组办公房

在勐海县城店里我们与三爬前后脚错过，在老班章寨子三爬家里也没有找到人。我们决定去老班章村民小组办公用的社房探看一番。正处寨心的社房刚刚装修完毕，工人正在忙着打扫卫生。云南茶山村寨中，老班章村民小组的办公条件首屈一指。只是各个房间都尚未投入使用，更看不到2007年老班章荣获的金芽奖牌的影踪。

转身去往老班章寨子杨永平家中探访。11月下旬同邹东春先生第一次来他家的时候，老人家精神状态颇佳，一身儿军绿色的服装，戴着眼镜，显得有几分文气。他拿茶过来招呼我们自己泡。邹东春先生泡茶的当口，老人家拿着最新款的华为手机边拍照边开玩笑："你就是茶王了嘛！"原来，老人家将泡茶台背后一幅"王者风范"的书法作品一并摄入了镜头。

回忆起过往的日子，杨永平先生加重语气感叹道："当年的茶都不值钱嘛！几毛钱、块把钱一公斤，我给勐海茶厂收毛料的时候，总共也用不了几万块钱。"说起茶树王名号的缘起，他坚称是中央数字电视书画频道授予的荣誉称号。相较于书画频道录制视频节目中生龙活虎的中年男性形象，面前的他更像是一位年过花甲的老人家了。或许是在茶闲季节难得有人来探望他，老人家十分高兴，坚持要邹东春先生坐在主泡位上，他站在旁边，两人共同举杯，一起留下了一张合影。

围绕老班章茶王树、茶后树的身价，从不缺乏各种各样真真假假的传闻。2018年春茶季，网络上流传的一纸合约显示：茶王树每公斤毛料茶的售价是 68 万元，茶后树每公斤毛料茶的售价是 46 万元。合约签字盖章的代表是杨红花，所盖的公章是西双版纳勐海陆拾贰号茶业有限公司。由此引发了舆论关注，但人们似乎只关注茶的价格，相比而言，却极少有人关注茶王树的主人。

12 月初，再次来到老班章寨子杨永平先生家里。家中有许多人，有背着孩子的妇女，还有一望可知的外地人面孔。在火塘边呆坐半响，却不见主人的身影。起身出来，一眼望见杨永平先生站在厨房里，一手举着烟，一手插入裤兜里，神情有些落寞。邹东春先生上前去拉话后，大家一同下到临街的茶室，老人家拿茶来泡给我们喝。短短半个月时间不见，茶室有了不小的变化。身后的架子上摆了两排压好的大饼，茶饼包装纸上分别印上了"家和万事兴"中的一个字。另外有一个大饼，包装纸上印上了"茶王之家"四个字。每个饼的重量都是一公斤，显得十分阔气。或许是当时遭逢寒流来袭，茶山上刺骨般的湿冷令人难耐，年近花甲，加之身体不适，老人家的话不多，偶尔说上一句："来了两个北方的客户，在家里面住了半个多月，下了个订单，合同已经签过了。"按照每公斤两万元的协议价，合同金额超过了一千万元。言毕，又陷入沉默不语的状态。其间，进来一个年轻人，身着茶农们常见的迷彩服，说是杨永平先生的侄子，坐了一会儿就起身走了。

据知情人透露：杨永平先生兄弟六人，他排行老三，加上一个姊妹，总共兄弟姊妹七人，有兄弟已经不在了。1964

年出生的杨永平先生只身一人，并未成家，家里的茶叶生意都交由侄女打理。老班章的茶地分别由集体在1982年、1992年两次按人头划分，平均每个人名下有十多亩茶地。随着普洱茶市场的发展，号为普洱茶之王的老班章炙手可热，有些茶农家庭通过承包等各种方式，不断垦植新茶园，整个老班章村民小组的茶园总面积已达19000余亩。村小组集体名下，尚留有2000余亩土地资源。

此番作别老班章，我们站在杨永平先生楼下同他打招呼，已经到了晚饭的时间，不便再去先生家里打扰，于是挥手向

老班章普洱生茶

他告别："下次再来看您啊！"他点点头，目送我们驱车离开。

生逢这个波澜壮阔的大时代，在宏大的时代背景下，在经济大发展的时期，普洱茶成了茶行业潮起潮落的缩影。一座座古茶山，一个个名村寨，一户户茶王树主人家，在蓬勃发展的时代里，受到了命运的眷顾与垂青，享受到了资源赋予人的红利。茶的背后，一代人的命运浮沉，一个家族的转折兴衰，在平凡世界里书写出无数动人的故事与传说。

老班章普洱生茶汤色

老班章普洱生茶叶底

攸乐山茶树王寻访记

寻味普洱茶

对于生活在云南古茶山上的人来说，冬季是一年当中最闲适的季节，时光也似乎放慢了脚步，一切又恢复到慢调生活节奏里，正是寻源问茶的好时节。

地处热带北缘的西双版纳，旱季雨季循环往复，纵使寒暑愆期，仍然能够切身感受到季节的变化。清晨醒来，窗外的澜沧江静静流淌，居民生活慵懒的景洪城里，浓雾笼罩下的街道略显冷清。与友人邹东春先生相约，与舍弟马博峰一起驱车前往攸乐山寻茶。

离开告庄，直奔基诺山乡方向。距离乡政府不远处，有庚子年增设的检查站，例行检查为的是保一方平安。邹东春先生新近更换了座驾，动力澎湃的八缸发动机丰田坦途皮卡，一路沿着国道213线直奔目的地。随着海拔逐渐升高，车前雾气弥漫，放慢车速前行。前方一辆丰田越野车映入眼帘，看车牌似乎有些熟悉却又一时记不起来。靠近亚诺村的岔路口，丰田越野车往左奔向小黑江方向，我们则直行奔向亚诺村。路过亚诺村新修的寨门，路边上放置着一个蓝色的提示牌："前方有野象出没，禁止车辆人员通行。"再往前行不远，左转拐入一条小路，上坡后右转，过了一个大门，就到了我们此行的目的地。

此行约的是亚诺村

野象出没提示牌

的茶农洪涛，下车后发现迎过来的是洪涛的爱人穆佳玉。进屋后坐定，穆佳玉手脚麻利地烧水泡茶。今年春天的攸乐山古树茶，香气芬芳，滋味甘醇，略带青苦，有着惯有的山野气韵。头天晚上约好的洪涛不在，穆佳玉有些抱歉地说："真是不巧，我老公刚刚陪斗记的老板开车去小黑江钓鱼了。"我们这才回想起来，刚刚在路上擦肩而过的就是斗记老板陈海标先生的丰田越野车，难怪会觉得有些眼熟。"标哥每年都来找我老公一起去钓鱼，他只爱钓鱼，不吃鱼。"眼下已经接近年关，转过年去，将迎来春茶季。我心下猜度，两人一起钓鱼固然是真，更主要的可能是商谈明年春茶的事宜。作为斗记攸乐山初制所的负责人，茶农洪涛不仅担负着为斗记供茶的重任，也背负着一家人的生计。

上次前来亚诺，当时也是洪涛不在。穆佳玉打电话叫来大儿子洪家福招待我们。见面的时候，也是觉得面熟，后来才想起来，以前曾经到访过洪家福的初制所。只是万万没想到，我们打听了一圈，最后找到的攸乐山茶树王主人，就是我们眼前的这一家人。这还真是不解的茶缘。

虽说是早前曾经实地探访过攸乐山茶树王，可是有了主人的陪伴，还是有着不一样的意味。在我们的要求之下，洪家福骑着摩托车头前带路，我们驱车紧随其后，一同前往绿得山。出亚诺村左转往小普希方向，行不多远，路边出现了亚诺（龙帕）古茶园的指示牌。左转前往古茶园方向，早年前来寻访茶树王的时候尚且是沙土路面，此番前来时发现已经改建成了水泥路。近年来，我们无时无刻不在目睹着古茶山日新月异的变化。

车行数百米之后，抵达路的尽头，这里是一个小小的广场，修建有基诺族建筑风格的喆么亭，亭下有基诺族崇信的图腾太阳鼓。广场边还有一块展示牌，介绍的是龙帕山古茶园及7000余亩古茶树的保护措施。

我们随同洪家福步行沿土路前往探看茶树王。穿过一片茶园，洪家福指着脚下的路说："沿着这条路一直走下去就到亚诺寨子了。"我们一行右转，深入家福所称的这片绿得山古茶园。下至山半坡，攸乐山茶树王映入眼帘。早年前来的时候，就曾见到被大风摧折后倒伏的一棵大树，紧紧贴在茶树王的旁边躺卧着。据家福的妈妈说："没有被大树砸倒以前，

古茶树保护条例宣传牌

攸乐山茶树王

茶树王上可以站上去十多个人采茶。"原来以为茶树王有惊无险，没有料到早就经受了惨烈的摧折。看看眼前侥幸存活下来的茶树王，虽然比不上家福妈妈所说那般葳蕤茂盛，但看上去依然枝繁叶茂，于是拉着家福一起在这劫后幸存的茶树王下合影留念。

从位于省城昆明的云南经济管理学院毕业后，洪家福回到了家乡攸乐山亚诺村。父母将家里的3片古茶园交由他打理，家福说不清楚这3片古茶园有多少亩，却清楚地知道古茶树总共有700多棵。围径55厘米以上的古茶树单株采制，鲜叶卖到了每公斤500元以上。围径40厘米以上的古茶树，采摘下来的鲜叶，售价在每公斤200～300元之间。除开古茶树之外，亚诺最多的是小茶树，每公斤鲜叶50元。按照不同客户的需求，或者是出售鲜叶，或者是出售毛茶，算下来，总的价值基本一样。

此番再来亚诺，仍然未能见到洪涛。穆佳玉又一次打电话叫来了大儿子洪家福。边喝茶边聊天，茶叙情谊。穆佳玉比1968年出生的洪涛小了一岁，说起自己的家世，她满脸自豪："我家条件好嘞！大哥做过乡长，二哥是教师，三哥在外贸站工作。"由于自己想要陪伴在父母身边，她初中毕业后留在了家里。后来嫁给了职高毕业的洪涛。夫妻两人都曾经担任过亚诺村民小组干部，穆佳玉做了十多年妇女主任，洪涛先后担任出纳、会计、支部书记。夫妻二人养育了两个儿子，1994年出生的大儿子洪家福，1999年出生的小儿子洪家杰。兄弟两人都被培养成了大学生，先后就读于省城昆明的云南经济管理学院，一个学的是市场营销专业，一个学的是会计专业。对处于边地的基诺族山乡亚诺村人来说，这着实令人羡慕。

穆佳玉回忆说："1983年的时候土地分了一次，到1999年重新分了一次。当年分的都是以前留下来的古茶园，后来买荒地种的是小树。古树茶园和小树茶园加起来有将近200亩。以前茶都不值钱，鲜叶几毛钱、几块钱一公斤。直到2006年标哥来亚诺收茶，鲜叶卖到了50元一公斤。第二年又跌了下来，20元一公斤。"穆佳玉想了想，又说："后来我们给斗记做茶的量越来越大，地方不够用。2010年的时候，花了3万元从我舅舅手里买了这块地，又花了100多万元把这个小山包推平，建了初制所，2012年的时候建好，2013年才搬进来。"举目四望，这个初制所的院子又平又大，在亚诺村算是独一无二的好地方，没想到背后有如此巨大的付出。

随着十多年来普洱茶市况的热络，处于攸乐山古茶园最集中的村寨亚诺，借助于普洱茶企斗记的提携，夫妻二人的茶生意红红火火。饶是如此，赚钱也并不容易，除了收购鲜叶的款项由企业垫付，他们主要的收入来源于每公斤15～20元的加工费。年景好的时候，一年能够加工20多吨。遇上了今年春天的疫情，就只加工了2吨多。"茶季的时候挂牌收购，收够了就停下来。"穆佳玉说。她家没有独占这两吨茶的供应，而是由亚诺古树茶合作社的成员共同交售。能有这样的心胸，并不是每个人都能做到的。

夫妻二人未雨绸缪，在大儿子洪家福毕业后，就将古树茶资源交由儿子打理。也幸好有了儿子的销售通路，当年春天卖出了 20 多吨毛茶。我转头看着洪家福笑道："那也有 40 多万元的收入。"他辩解说："哪有？还要给人家付工钱呢！"

上次前来亚诺，曾经到过家福父母留给他的初制所。初制所对面就是家福近年新盖的房子，连建设带装修花了 100 多万元。门前停放着他的宝马 4 系轿车。他当时尚留有一点点茶王地单株采制的晒青毛茶，就抓了一把泡来喝。我顺口问他："有女朋友吗？"他摇摇头。又问："有新楼，有宝马，有古树茶，找个女朋友还不容易？"他笑着回答："还没有

攸乐山茶园

遇到合适的。"

此番再次见到母子二人，妈妈喃喃低语："昨天晚上我做梦，梦见我儿子订婚了。"坐在旁边的马博峰问家福："你在景洪城里买有房吗？"家福摇摇头说："我们主要在家里做生意，房子买在城里没有什么用处。"

不觉间，一个上午的时间过去了。时近中午，太阳终于突破重重云层的遮挡，将灿烂的阳光普照在大地上。放下茶杯，大家起身来院中，洪家养的三条狗全都趴在地上晒太阳。时值冬月，早晚之际湿冷入骨，就只有在这中午阳光明媚的时候，沐浴在阳光下，浑身从里到外都能感受到融融暖意。邹东春先生蹲下身来，低头逗弄着狗，或许是融融的暖阳照耀下太过舒服，狗狗勉强睁开眼睛看了一下，又合上眼皮沉沉地睡去了。

作别穆佳玉、洪家福母子二人，我们驱车离开。穿越西双版纳国家级自然保护区的这段国道，向来都是让人爱极了的一段行程。在这层峦叠嶂的热带雨林深处，藏着一座又一座村寨，一片又一片古茶园。随着普洱茶产业的律动，我们试图通过古树茶去触摸时代的脉搏。在每一座古茶山、每一棵茶树王的背后，都有一个个家庭，或主动或被动地融入时代的潮流中，谱写出一曲曲动人的旋律，共同奏响命运的乐章。在万水千山之外，又有多少人，能听出这曲中的真意？

攸乐山普洱生茶

攸乐山普洱生茶汤色

攸乐山普洱生茶叶底

[茶王篇] 易武山茶树王寻访记

寻味普洱茶

在云南寻茶十年，最爱的是易武山。一生中最美好的岁月，一年中最好的时光，都交付给了普洱茶，都留驻在古茶山。

夜宿易武大酒店，临窗正对苍翠的茶山。每日里迎着朝霞出发，踏着夕阳归来。白天入山访茶收获满满，夜晚落笔书写行程见闻。昼夜交替，斗转星移，不觉间又将迎来新年。

临近庚子年岁末，趁着一年中难得的茶闲时节，与友人邹东春先生相约同行，深入易武正山的村村寨寨，寻访茶树王主家的故事。

犹记得十年前，第一次到易武正山，首次观瞻的就是易武落水洞茶树王。在落水洞村口，有两棵枝干粗壮、树皮色泽斑驳、树冠状如华盖、长势葳蕤的大树。一行人都被古树苍劲挺拔的风姿所吸引，其中有位难掩激动的姑娘，张开怀抱拥抱着大树，笃定地以为自己亲密接触的就是古茶树，可惜的是这份爱错给了大榕树。

沿着旁边的小径从古茶园中穿过，行了数十步，眼前豁然开朗，映入眼帘的就是落水洞茶树王。树高三四丈，枝叶扶疏，伫立在山坡上。茶树王的附近，满天星般散布着古茶树。远处云海浮动，一切恍如梦境般美好，甚至让人怀疑这美景有些不真实。同行的友人杨舒婷走近抚摸着茶树王的躯干，抬头仰望这高高的茶树王，用相机定格了这美好的画面。年复一年，访茶易武山，每次定会前往落水洞茶树王参观。只是没过两年，为保护茶树王而建起的围栏将来访者与茶树王分隔在两边。不能再亲手触摸茶树王固然是一种遗憾，但为了让茶树王益寿延年，这在当年不失为一种好的选择。眼看着茶树王逐年衰老的样貌，让人除了暗自祈愿外只能徒生感叹。三年前，落水洞茶树王将生命中的最后一个轮回定格在了那个秋天。人们不忍就此放手，将茶树王连根拔起，全株防腐处理后，就地建房安置，供后来者感怀、凭吊和瞻观。人生一世，草木一秋，此后每每拜谒，都满怀惆怅与感叹！

易武山落水洞茶树王

或许是早知终难将落水洞茶树王留驻在世间，多年前的人们早就另有打算。落水洞茶树王的对面，一条堪可容纳皮卡车通行的土路，弯弯曲曲地通向石门坎茶园。四年前，眼见落水洞茶树王生机渐远，在落水洞村民小组组长黄永能先生的带领下，我们一行人首度面见接替王位名号的新茶树王。随着时间的推移，衰亡的落水

衰亡后的易武山落水洞茶树王

洞茶树王逐渐淡出了人们的视线，寻茶人转而竞相追逐的新茶树王成了易武正山打卡热点。

时隔数年，再次拜谒落水洞老茶树王，反复观瞻麻黑新茶树王之后，经由邹东春先生的引荐，联系上了新茶树王的主家保大。午后时分，探知保大在三合社朋友家里玩，邹东春先生驾驶着丰田坦途皮卡车前去接上保大，载着我们一道前往麻黑石门坎茶园。行至落水洞路口，大马力的四驱皮卡车毫不费力气地就沿着土路爬陡坡转过弯奔向茶树王所在的石门坎茶园。托了新茶树王声名远播的带动，近年来石门坎茶园的茶叶行情陡涨，追捧者众多。

行至路穷处，下车步行。举目可见，这是片精心打理过的茶园。茶树普遍经过疏枝，利于通风，防止苔衣生长而影响开花结果，有利于来年春天萌发新梢时的营

易武山麻黑新茶树王

养供给。产量虽有下降，但品质在提升。散养在茶园中的牛，呆萌地望着来访者，偶尔抬头"哞"地叫上一声，转身摇摇尾巴迈步前往茶园的更深处去了。

　　沿着茶园中的小路往上爬，行不多时，一株主干笔直向天而生的古茶树映入眼帘，呈现在眼前的就是麻黑茶树王了。几年前还只是搭着脚手架的麻黑茶树王，在落水洞茶树王衰亡之后立马倍显地位尊贵，四围已用铁丝网将其紧密地围护起来。围栏外多了一个展示牌，对其身世作了通俗阐释，文末一句为："据爱茶人士评估树龄近千年，但发现者认为树龄不过数百年上下，精确树龄有待考证。"不同于经过专家科学考察后确定身份地位的落水洞茶树王，接替王者之位的麻黑茶树王出自民间的自发选择。不过，这并无碍于它身价的不菲。相距不远的两棵茶树王，一棵属于集体所有，价值体现在科学考察的成果上，另一棵属于茶农所有，价值主要体现在经济发展的价值上。两相对照，相映成趣，其命运大不相同。拉着麻黑茶树王主家的保大，一起在树前留下合影。秋茶季来易武时，黄永能先生提到过："这些年易武斗茶会期间，在经验老到的老人家带领下，先后在落水洞茶树王、麻黑茶树王搞过祭拜活动，今年春天就没有搞了。"近年来，麻黑茶树王的打理都交由保大的弟弟保三。我们反复拨打保三的电话都未能接通。眼见天色将晚，邹东春先生先开车把我们送回易武街上下榻的酒店，然后将保大送回三合社，他的朋友们还在翘首等待保大归来。

晚上终于联系上了保三，相约第二天下午在他家里见面。从易武街上出发前，邹东春先生打电话给保三："我们半个小时就到麻黑了。"忍不住还是有些感叹，早年间就这短短二十公里的路程，驾乘轿车的我们几乎是一步步往前挪行，总要花去半天的时间。而今道路交通条件大为改善，大马力的四驱丰田坦途皮卡爬坡转弯如履平地，既往的千辛万苦都化作当下的"万水千山只等闲"。从易武街行经荒田、曼秀、三丘田、落水洞至麻黑这一段附近的茶山被称作易武正山，每个寨子都出好茶，即使小树茶也品质不俗。途经各个村寨，多年来易武普洱茶市场持续热络，茶农们大都过上了好生活。不断修建的新居，将穿村过寨的道路生生挤压成了曲曲弯弯的逼仄巷道。

　　行至麻黑村附近，发现这里为防控疫情而新增设了检查站。工作人员查验后挥手放行。转过弯去，左手边的山坳里

俯瞰麻黑寨

就是麻黑村。这里是俯瞰整个村貌的最佳地点。在过往的十年期间，我有意无意间用相机记录下了麻黑村的变化：从疏落有致的低矮民居，到家家户户不断扩建、增建的楼房，村容村貌的变化折射出茶山的巨大变迁。

保三的家距麻黑村委会不远，就在父母宅院的旁边，不算太大的宅基地上整个建起了楼房，一楼大厅成了停车场，就只在靠近门口处加盖了一处阁楼，用于放置招待客户的茶台。保三笑着同邹东春打招呼："你开车还是快嘛！"然后坐下来泡茶。他随手抓起一把茶投入盖碗，泡好的茶汤色泽金黄，啜一口茶，滋味浓酽，苦后回甘，香气馥郁，有着麻黑古树茶独有的风味。经历过大场面的保三看上去十分精干，1983 年出生的他早年在勐腊农场割胶，并在 2006 年底就地成婚安家。随着名山古树茶的兴起，保三转而将事业重心投入到易武麻黑家里。观念的不同导致头段婚姻走向终结，儿子跟了爸爸。二婚妻子带着女儿从刮风寨改嫁给了保三。问及情由，保三解释说："她经历过婚姻，懂得嘛！娶个姑娘还要从头再教她，太累了！"二婚后两人育有一子，已经六岁多了，在上幼儿园大班。"我倒是想再生，她不肯嘛！"头婚生下的大儿子十三岁了，在易武中学读书。"成绩不好，眼睛也不好，近视眼镜都配了两副了。"保三摇摇头，叹了口气。

保三二哥的房子建在从麻黑村到大漆树的路边上，多年来都是兄弟两人共同经营茶叶生意。今年保三在曼秀村寨门附近购置了三亩地，连买地皮加上平整土地，花去了五十万元，修建新房并装修又花去了一百多万元。"鲜叶太多了嘛！两家合在一起忙不赢，明年春天就准备分开来做了。"保三的茶叶生意红红火火，家里车就有两辆，新买的丰田普拉多越野车花了六七十万元。修建麻黑家里的房子，购置车辆，置地新建初制所，花费巨大。"压力大嘛！茶价也就是这几年才起来。"固定资产投资，加上一家人的生活开销，压在他肩上的担子并不轻松。

　　早在 2005 年左右，一家人就分家了。财产、茶园分成了五份，父母各一份，兄弟三人各一份。保三名下的古树茶地有三四十亩，已经投产的小树茶园有四十亩。"鲜叶也卖，毛茶也卖，怎么合适怎么卖。"父亲名下的茶园都归保二、保三两兄弟打理，收益分一少部分给父亲。前几年父亲在易武街上购置了一套两室一厅的公寓，平常都住在易武。"我爹爱跳广场舞，妈妈有时去住几天，有时回家里住。"近年来母亲的茶地也交给保三打理。二婚妻子名下刮风寨茶园的收益也由保三支配。易武村寨中麻黑成名极早，2009 年的时候，采自家里茶树王上的毛茶就

麻黑晒青毛茶

卖到了每公斤 6000 元的价格。2010 年以后，茶树王身价上升，尤以近年来为最，鲜叶卖出过每公斤 56000 元的高价。折算下来，一棵树有 50 万元左右的收益。具体年份的价格，保三低头沉吟片刻："记不得了嘛！要翻一翻账本才知道。"丰年时茶树王毛茶的产量可达 4 公斤，正常年景都在 3 公斤左右。"每年会留一点送人，给客户送一泡茶尝尝。没什么特殊嘛！就是滋味甜一些，细一点。"保三对茶树王的价值可谓充分利用。"最恼火的就是今年，发得太晚了，黄片太多没法卖，都留下了。"保三有着茶农少见的清晰思路。"现在还是要打好基础，将来打算到景洪买商铺。"言罢又高高兴兴地打开手机，向我们展示他历经波折终于注册成功的自家的老茶号兴顺祥商标。他打算以此为契机，压制成品，打造品牌。告别保三的时候，我们回头看到他家门楣上方的大字"胡府"，特意记下了他的大名——胡国敬。

　　地处西南边陲的小镇易武，伴随着普洱茶的兴衰，这片茶山上的各族人民来了又走，大多数都只是匆匆过客。来自石屏汉族移民的后裔，与迁徙至此的彝族、瑶族等族裔，如今已经共同成为这片土地上的主人。先辈们留下的古茶园，成为了绿色宝藏。因茶而兴，他们再次过上了好日子。日复一日，月复一月，年复一年，芸芸众生的过往构成了茶山历史。过往十年当中，因了名山古树茶的勃兴，茶山人民经历了前所未有的剧烈变革。拥有茶树王的人家，被卷入到这场历史潮流中，成为演绎历史变迁的生动形象，成为书写这个时代

的传奇角色。人生的悲欢离合，生活中的喜怒哀乐，故事内
外全都交由后人去评说。

易武山普洱生茶

易武山普洱生茶汤色

薄荷塘茶树王寻访记

寻味普洱茶

辛丑年孟夏时节的傍晚，地处高山之巅的易武已经是凉风习习，而位于沟谷中磨者河畔的帕扎河村依然是溽热难耐。

多年来，薄荷塘因在外界享有盛名而成为易武小微产区普洱茶的标杆。相较于薄荷塘的鼎鼎大名，拥有薄荷塘古树茶园的主人，则显得异常低调，少为外界所知晓。为了追寻薄荷塘茶树王背后的故事，我们又一次造访了这个瑶族人家。

此番前来，早早同主人约好了见面。恰逢二春薄荷塘古树茶当天起开采，所以相约茶叙的时间定在了晚上。

来得稍早，主人尚没有从茶园回来。于是闲坐院中的石凳上小憩。眼前一栋三层楼房，西式别墅风格，夕阳西下，阳光洒满院落，给房屋镀上了一层金色的光芒，愈发显得富丽堂皇。

紧挨着主人家边上，另外一栋楼房属于他大姐家。大姐召唤我们过去喝茶。坐在屋檐下的茶台旁，大姐进屋拿了一小袋茶出来，同邹东春先生说："你自己泡嘛！这个是今年薄荷塘二类树做的茶，就剩这么一小点。"与主人相识多年的邹东春先生坐在主泡位置上，开始烧水泡茶。

大姐背着自己的外孙。小家伙生得白白净净，才只有一岁八个月，嘴里咿咿呀呀的。年届五十的大姐，不太擅长言辞表达，忙着照顾自己的外孙洗澡。孩子的天性都喜欢玩水，坐在澡盆中开心地嬉戏玩耍。洗过澡后，换上了一身干净衣服，几次三番故意踢掉鞋子，光着小脚丫在院里跑来跑去。

随着摩托车的轰鸣声，一对身穿迷彩服的年轻男女骑着摩托车进院。小家伙颠颠地跑了过去，原来是去茶园带鲜叶的爸爸妈妈回来了。这对夫妻是大姐的女儿和女婿，素日里同大姐一起生活。夫妻两人带回来的是当天采下来的薄荷塘二类古茶树鲜叶。与易武其他小微产区不同，唯有薄荷塘主人家将古茶树分为一类、二类两种。一类古茶树数量极少，鲜叶抢都抢不到手，能够拿到二类树鲜叶，已属十分不易。同往年一样，鲜叶早早就被人预订一空。称过重量以后，买家就将鲜叶装车运走了。

帕扎河瑶族茶农新居

帕扎河村，拥有薄荷塘古树茶园的就只有周姓一家，兄弟姊妹五个，唯有老二是家里的男丁，业内称其为塘主。兄妹五人的父辈20世纪80年代末依靠在森林中种植草果为生，顺带将附近的一片古茶园管理了起来。直到最近十数年来，

薄荷塘一类1号茶树王

随着普洱茶发烧友对原始森林生态环境下古树茶的热捧，这片改名为薄荷塘的古茶园成为易武山最炙手可热的明星小微产区，成为衡量易武顶级普洱茶的标杆。殊为难得的是，这个家族的成员们依然维持着父辈留下来的传统，多年来和睦相处，共同管理茶园，执行统一的售价，共同分享收益，可谓是真正意义上的合作社模式。

当天采回的鲜叶称量分售过后，周大姐家大女婿放下手中的活计，过来同邹东春先生打招呼，而后一起闲坐茶叙。年轻人名叫邓忠明，老家在勐伴镇，结过婚后才来到岳父岳母家，一起打理茶园和生意。毕业于云南师范大学的他十分健谈，自言大学毕业后曾在银行等单位工作过，因为更喜欢自由自在的生活方式，最终选择了回乡做茶。

说起今年的收成，他粗略地算了一下："今年头春3月17号开采，4月12号结束。家里头春一类古茶树鲜叶总共采了不到270公斤，头春二类古茶树鲜叶的采摘总量超过了1600公斤。"按照目前的市价，头春一类古茶树鲜叶的总价在100万元以上，头春二类古茶树鲜叶的总价接近300万元，仅头春一季的毛收入就达到了400万元。生活在帕扎河村的老二周塘主与大姐、三妹、四妹四家人共同分享了这份收益。早年嫁出去的五妹，也分得了一片薄荷塘二类树古茶园。除开每年请人管理茶园、采茶的工费，估算每户的收益在80万元以上。如果再加上二春茶、秋茶的收入，每户稳妥的收入至少都在100万元。邓忠明笑着说："人家都说我们家一年分几百万元，我从来都不反驳。实际上分给我的只有二十几万元。"邓忠明的岳父去年过世了，他们两口同岳母一起生活，大舅哥则单立门户。他们的上一辈由四户人家分享收益，每一家的子女有多有少，具体的情况可能各有分别。"为了挣点辛苦钱，今年春天我收寨子里别人家薄荷塘小茶树的鲜叶，加工了700多公斤干毛茶。"邓忠明在算自己小家庭的经济账。帕扎河寨子里，就只有他们家有薄荷塘古茶树，其他人家都是2000年以后栽种的小树。"你们家为什么不种点小茶树？"他说："现有的茶园都管不过来，其他人家种的小茶树多得是嘛！反正我也收小茶树的鲜叶加工，头春加20%的利润，二春加15%，秋茶加10%。就是一点辛苦钱嘛！我们家的薄荷塘古茶树就是名气大，实际上量很少，尤其是一类古茶树，二春都没怎么发。"当下正值二春茶季，近日来天气晴好，邓忠明原本打算趁机多收点同村人家的薄荷塘小茶树鲜叶，然而近日来小茶树鲜叶行情陡涨，面对这种局面，邓忠明也无可奈何，预售价已经告知了客户，算下鲜叶的涨幅，他自己反倒没了利润空间，只好等等看情况变化再做决定。

薄荷塘古树晒青毛茶

去年冬月就曾经来过一次帕扎河，恰逢薄荷塘主家嫁姑娘，于是相约塘主的妹夫李大茶叙。同处一村，李大家相距塘主家不远。赶上了易武小微茶区普洱茶行情大热，拥有薄荷塘古树茶的兄妹几家人近年都修建起了崭新的楼房。李大的性格十分开朗，特意提醒我们："有事儿发语音啊！我不识字！"这让人十分诧异。说起往事，李大摇摇头轻轻叹了口气："以前茶不值钱，穷嘛！一家人一年忙到头，总共就只有 3000 元收入。我要是去上学的话，家里的牛没人管，所以就没去成。"说起往事，让人恍如隔世。"有一年，有个外地的老板包了我家的地挖矿，给了 30000 元，哇，从来没有见过这么多钱，都不知道怎么花。"真正让这家人彻底摆脱贫困的仍然是普洱茶。李大回忆说："2010 年以后，茶的价钱开始快速上涨，真正涨到比较高的价位，是 2015 年以后的事。最近几年，我们几家才商量着一起盖了新房子。"或许是自己没少吃文化程度低的亏，李大十分重视子女的教育，女儿读到了大学本科，儿子虽然只读到了高中，找的女朋友则是个大学生。"孩子的教育主要靠妈妈嘛！"李大笑着说。闲聊中得知，不独是他家，其他几家也出了好几个大学生，周塘主家出嫁的姑娘也是大学毕业。地处深山的瑶族人家，还有这种非同凡响的见识，不独依赖薄荷塘古树茶资源为生计，而是眼光长远，致力于子女的教育。

去年岁末，在景洪告庄，相约薄荷塘主家最小的妹妹周迎会茶叙。她与自己的好友合伙开设了一间小小的茶铺。铺面虽小，却收拾得干净利落。按理说，薄荷塘的茶素来都不够卖，完全没必要再开个店。周迎会浅浅地笑着说："总不能天天闲着吧！开个小店，既可以招待客户，自己也有个事情做。"当年她出嫁的时候，薄荷塘尚不为外界所知，而今薄荷塘广受热捧，考虑到血脉亲情，家里给她分了一片薄荷塘二类树茶园。两个孩子都在城里读书，为了生活方便起见，她在景洪购置了商品房。

复将思绪从过往抽回到当下，不知不觉间，已经是夜半时分了。为了拿到心仪的薄荷塘古茶树鲜叶，许多人已经在此等了许多天了，买家们陪着塘主一起吃晚饭，举杯共饮农家自酿的苞谷酒，气氛热烈而欢快。同来的邹东春先生笑说："头春的时候，托人陪塘主喝酒，喝醉了都不曾忘记嘱托，总算是拿了10公斤一类古茶树鲜叶回来。这算是非常不错了，据说今年最厉害的一个大哥拿到了50公斤一类古茶树鲜叶。"

头春的薄荷塘二类古茶树毛茶，已经泡了十多道，用邹东春先生的话讲："依然不掉水，滋味细腻，韵味悠长，实在是让人惊艳的一种茶。"

辞别主人，我们驱车踏上归程。路边磨者河流水潺潺，两岸蛙鸣阵阵。车辆的大灯刺穿夜幕，照亮眼前的路面。远处的村寨灯火点点，忙碌的茶季，家家炒茶忙，注定又是一个不眠之夜。黑夜白昼周而复始，寻茶的人来来去去。无数人的命运伴随着茶的兴衰起伏而律动，其间又有多少个动人的故事，等待着有缘人去追寻？

薄荷塘普洱生茶

薄荷塘普洱生茶汤色

[茶王篇] 莽枝山茶树王寻访记

寻味普洱茶

赴云南入六山寻茶十多年来，印象中从未在春茶季遭逢连续的阴雨天气，今年则在清明时节连续下了三四天的雨，这在正处旱季的西双版纳极不寻常，或许是前些年连续的干旱过后，大自然启动了自我修复的模式，而我们却因此看到了春天最美的茶山风景。

　　离开易武奔赴象明，赶上道路正在施工，限时放行。耐心等到傍晚六点半，驱车奔象明方向。车过磨者河，前方等候放行的车辆排起了长队，跟随在我们后方的车辆，百无聊赖之下将车载音乐播放至震天响。等候期间，天空飘落零星的雨点，未免让人有些许的担忧，若非有约在先，我们断不肯开车跑夜路。夜幕降临，由远及近，相向而来的车辆闪烁的车灯提示我们道路已经可以通行。

　　车辆沿着盘山公路在暮色中行驶，雨滴敲打在车窗玻璃上。随着雨势渐疾，视野越来越模糊，我们放缓车速前行。一路都是熟悉的地名，曼迁、曼庄，等等。雨夜山路行车，路途也显得格外漫长，一个半小时后，终于抵达象明。想想明天的日程安排，不得已，只好鼓足勇气，冒着夜雨沿着象仑公路继续前行。边走边闲谈，随口告知开车的张梦，寻茶云南十余年间，极少启用女司机。我问她："要是这样的夜路，让你半路折返会作何感想？"她还未及回答，就目睹离象明街大约五公里的地方遭遇山体滑坡，整条路面被彻底堵死。于是当机立断，决定调转车头回象明住宿。回到象明街茶马驿栈，这是我们历年寻茶象明住宿条件最好的地方。还算幸运，驿栈勉强为我们腾出了五间客房。简单用过晚餐之后，巧遇多年的老友李洪先生，他拿出了今春亲手炒制的两款热带森林高杆茶同大家分享。直至夜深时分，大家方才在意犹未尽中散去。

雨过天晴的清晨，一行人早早起床，到街头的早餐店用餐，豆浆、油条、鸡蛋，最简单的饮食妥帖抚慰了异乡人的身心。然后驱车奔倚邦方向，至龙谷河与倚邦的岔路口，左转沿新发公路直奔牛滚塘。车辆在山巅与谷底间逼仄的乡村道路上迂回前进，不时穿越雾团，同行的姑娘们发出阵阵惊呼。苍茫的大山被遮掩在云雾中，只有眼前的道路依稀可辨。

上午十点钟，辗转来到牛滚塘大街。反复拨打电话之后，总算是打通了邹东春先生的电话，约好在秧林大寨相熟的茶农柴忠红家会合。于是驱车直奔目的地而去。天公作美，云雾之上的莽枝茶山阳光灿烂，预示着今天是个好日子，似是为了莽枝茶树王的开采仪式做好铺垫，只等待有缘人来此相聚。来到柴忠红家，各路来此参加活动的亲朋好友毕至，院子里热闹非凡。眼见时间尚早，于是搭乘泽白的丰田越野车直奔活动现场。主事人聂素娥老师带着福元昌的小伙伴们正在忙前忙后做准备。这一帮90后、00后的小哥哥、小姐姐们虽然忙得不可开交，仍然时时传来欢声笑语，充满了青春活力。在蓝天白云下，火红的地毯、鲜艳的花篮、成排的竹篓，与苍翠雨林交相辉映，煞是好看。

吉时已到，聂素娥老师致开场白，受邀参加活动的嘉宾依次致辞，普洱茶制作技艺非遗传承人泽白先生、安乐村委会王海云书记、云南省农科院茶科所研究员罗琼仙老师、《普洱》杂志社段兆顺主编、茶树王主人柴忠红等纷纷表达祝愿，我也应邀作了陈述。最后，聂素娥老师宣布："莽枝茶树王开采仪式现场启动！"

身着民族服装参与开采的茶农和受邀参加活动的亲朋好友，循着长势茂盛的古茶树上悬挂的指示牌，一路向前，直奔茶树王的所在。

保护性开采所言非虚，茶树王的主人柴忠红围着茶树搭建起了不锈钢脚手架。开采之前，来自革登山的茶农唐旺春，因其熟稔传统的开采仪式前的祭祀方式，责无旁贷担负起了这项重任。但见他点燃三炷香，满脸虔诚与恭敬地趋步上前，躬身祭拜。之后，一旁等待的采茶人方才动手采茶。但见两男两女四位采茶人，身手敏捷

少数民族祭祀莽枝山茶树王

采摘莽枝山茶树王

茶王篇

267

地攀上脚手架，一转眼的工夫，两位年轻的采茶哥哥已经登临树冠顶端，另两位采茶的女士倚栏而立，伸手将柔软的茶树枝条抓过来，将那新梢细心采摘下来。葳蕤茂盛的枝叶遮住了采茶人的身影，但见树枝动，难觅采茶人。

时近中午，热带的阳光酷烈，柴忠红也爬上树冠顶部，手脚麻利地采摘起鲜叶来。将近两个小时之后，肉眼可见树冠上的新梢已经采摘干净。忙碌了半晌将四五位采茶人的劳动成果收拢在一起，尚且盛不满三个采茶的竹篓。招呼采茶人与邹东春先生、聂素娥老师夫妇一起倚着茶王树合影，记录下了这既艰辛又快乐的收获影像。

众人从古茶园中鱼贯而出，各自骑乘摩托车或驾乘越野车往回走。租来的越野车再次显现出动力不足的情况，头天晚

采摘的莽枝山茶树王鲜叶

采摘的莽枝山茶树王鲜叶

上下过雨后茂林下的路面依旧湿滑，爬坡的时候几次三番车轮打滑。关键时刻，唐旺春毫不迟疑地接替了驾驶员的位置，只见他不慌不忙地开着车左扭右扭就顺利爬上了长长的土坡，这得益于他长年累月在山里开车积累下来的丰富经验。被解救脱离困境的人们，总算是将提着的心都放进肚里。

到秧林大寨柴忠红家中，将采摘下来的鲜叶集中到一个竹筐里称重，连筐在内就只有大约6公斤。这才是真正意义上的茶树王单株原料，刚好够一炒的分量。鲜叶被薄薄地摊放在竹匾上，等待着傍晚时分炒制。邹东春先生招呼大家去牛滚塘街上用餐。柴忠红特地交代家人用平常蒸米饭的电饭煲煮了一锅清水鸡蛋面，解决了我们兄弟两个因民族习惯不同而带来的饮食难题。在这大山深处的寨子里，清水鸡蛋面无疑是最好的招待。

临近下午五点钟，柴忠红开始准备炒茶。为了稳妥起见，先是炒了一锅古树茶的鲜叶试手，继而开始炒制茶树王的原料。笃定的神态，熟练的手法，自家的茶，当然由主人亲手制作最好。柴忠红已经上小学二年级的女儿赶上泼水节放假回家，有些好奇地打量着围观他爸爸炒茶的众人，天真的孩子或许很难理解成年人的所作所为。有人打电话过来，孩子按下接听键，踮起脚，小手将手机举得高高的，方便爸爸回电话，柴忠红三言两语就结束了通话。正在炒制茶树王鲜叶，容不得有半点闪失。随着杀青即将完成，香气扑面而来，确有与众不同的地方，让人禁不住感叹自然界的神奇以及茶的深厚魅力。

炒制完成的杀青叶被再次薄摊在竹匾中，稍作摊晾之后即行揉捻。由于采摘的原料成熟度高，柴忠红的媳妇毫不迟疑地选择了揉捻机来揉捻。不同于许多人对手工的执念，从当天的实际情况出发，机械揉捻的效果无疑会更好。即便如此，也还是会有很多的黄片。邹东春先生笑着说："那也是茶树王的味道嘛！"

揉捻叶再次放入竹匾中，柴忠红的媳妇手工将其解块，然后同聂素娥老师一起，将揉捻叶分开摊放在三个竹匾中，搬出去放在院中日晒。已经是傍晚时分，阳光柔和，将人的脸庞镀成金黄色。聂素娥老师亲笔题写了三个"茶树王"标签，小心翼翼地放在竹匾中，忍不住用手轻触茶叶，犹若抚爱襁褓之中的婴儿，眼神中流露出满满的爱意。

整整一天的时间，围绕茶树王鲜叶的采制，至此总算是暂时告一段落。抬头望天，这晴好的天气是好茶的保障。低头看茶，这茶中隐藏着自身的秘密。究竟将会是怎样的结果，唯有耐心等待。又有哪个有缘人，能够领略到茶树王的绝世芳华呢？

手工炒制莽枝山茶树王鲜叶

莽枝山茶树王毛茶日晒

莽枝山普洱生茶

莽枝山普洱生茶叶底

莽枝山普洱生茶汤色

寻味普洱茶

「茶王篇」

革登山茶树王寻访记

云上寻茶的日子，每一天都值得认真对待。入山品味过的古茶，每一款都会铭记于心。十多年来访茶云南，已经记不清来过多少次革登山了，只是每一次到来都会有新的收获，入目所见的风景，是最美的茶山春色。辛丑年四月，夜宿牛滚塘街头的宾馆，奔波劳累了一天过后，转瞬之间便进入深沉的梦乡，直到清晨窗外的声声鸟鸣将人唤醒。

自从山上有了落脚的地方，我们的行程安排便从容了许多。还没来得及给茶农唐旺春打电话，他的信息就发过来了，这还真是有点心意相通的意味了。悠闲地吃过早点，驱车直奔新发寨。同唐旺春约好，先去看茶祖孔明植茶遗址。他开着车头前带路，车子开得飞快，开车的张梦说："到底是路熟、车技高，紧撵慢撵，高低跟不上。"在将要抵达新酒房的路口，车子靠边停好，然后一行人下车步行往前走。没走出多远，巾涵就"哇"的一声赞叹起来："好美的云海呀！"因前天晚上的一场雨，在这旱季竟十分难得地看到了云海。云雾缭绕的那座最高的山峰，就是孔明山的所在。相距不远，远远望去，隐约可见祭风台上茶祖孔明的汉白玉雕像。

来到茶祖孔明植茶遗址，依然是旧口的景象。传说中茶祖孔明亲手栽植的茶王树已经无存，只留下茶王树坑的遗迹隐约可见，其中又长出一棵枝繁叶茂的大茶树，茶地主人精心呵护，并不去采摘，有意管护留养。同行的人俯身观看纪念茶祖孔明遗址竖立的石碑上的文字内容，默默念诵并躬身祭拜。

去年临走之前，听唐旺春说在附近有一个孔明庙遗址，于是催促他带着大家一道去看。穿越这片一人多高的茶树林，果然不远的地方遗留有一方无字碑，还有一些石构件。唐旺春言辞恳切地说："过去人们为了纪念一个人，会埋件衣服，茶祖孔明的马镫应当就是埋在这个地方。"他态度恭敬，一脸笃信无疑的表情。茶祖孔明植茶遗址附近，有一棵果实累累的野生樱桃树，碧绿的叶子，鲜红欲滴或黑中透红的小巧果实，看上去煞是诱人。摘一颗看似熟透的樱桃放入口中，轻咬一下登时就后悔了，苦涩感极具冲击力，饶是旋即吐掉，涩味仍然停留在口腔中经久不去。这种体验让人瞬间联想到了以往品鉴小勐宋苦茶的经历，两者给人的感受极为神似，凸显出来植物的自然属性，越是接近原始的品种，为了自身的生存，进化出了强烈的自我防护机制；真正好吃的植物、好喝的茶，都是人为驯化的成果，以满足人们的口味嗜好。

回到路边，继续驱车向前，车过新酒房，左转折向土路，奔向革登三省大庙遗址附近。先将车辆调转车头，朝向来的方向，靠边停放好，然后步行向旁边山坡上的密林深处走去。想必是最近来此地参观的人数不少，脚下的草丛被踩踏出了一条土路，通向不远处的三省大庙遗址。大石头垒砌的石基犹存，地上四下散落有柱础等建筑构件。修庙时所立的功德碑倚靠在一棵树干上，植物已经重新占领了原本属于它们的地盘。经历年深日久的风雨侵袭、自然的风化后，石碑上能够辨识出的字迹有限。碑额上书写的是四个大字："万善同缘"，碑文中能够看清的有"江省、湖省、云南省"等字样。余下的文字大都已经漫漶不清了，勉强可以看出是三省的众姓客商合力出资修建而成，落款的年份也已无法辨识了。由此不难猜想，有清一代，背井离乡赴革登茶山谋求生存的客商集资建造的三省大庙，以超越宗族血缘关系的宗教信仰为依托，以共同寻求的利益为纽带，聚集在一起成为商帮，沿着茶马古道，将普洱茶从原乡带向远方。

回到唐旺春的初制所，安闲地坐在茅草屋茶室中，倚窗远眺，牛滚塘大街隐约可见。清风徐来，顿感浑身凉爽舒适。临近正午，烈日炎炎，正是品茶的好光景。唐旺春拿出了在自家位于热带雨林深处的一片古茶园所采制的晒青毛茶，干茶条索与往年相比更加细瘦，唐旺春解释说："这个是因为揉得比较紧。"轻手冲泡后的茶汤，在阳光照耀下闪现出动人的光泽；热闻其香，恰似花果香气般曼妙；茶汤入口即化，唇齿生津回甘；叶底嫩绿，略微有点红梗；有着让人着迷的山野气韵。眼见大家如此喜爱这款茶，唐旺春颇为得意地说："2017年拿去易武参加斗茶大赛，获得金奖的茶样，就是出

革登山茅草屋茶室

革登山古树晒青毛茶

自这块茶地。"这引发了大家极大的兴趣，约好下午一起去实地考察。

时近中午，大家回到牛滚塘大街。用过午餐后，回到住宿的宾馆午休，以往从来不敢有的奢望，而今终于成为现实，这实在是再幸福不过的一件事情了。

午睡过后，顿觉元气满满，驱车到达新发公路与值蚌的交叉口，唐旺春骑着摩托车头前带路，我们开的两辆越野车紧随其后。才只一年时间，以往连通值蚌的弹石路面已经改换成了水泥路面，只是路两旁的配套工程还在建设中，水泥路面与软路基的落差足有 30 多厘米。路面狭窄逼仄，万一不小心车轮滑下去，两驱越野车绝难脱身，于是小心翼翼地匀速前进。行至水泥路的尽头，转上一段土路，驶出没多远，就到了值蚌古茶园的入口处。将车辆停放在路边，一行人安步前进，直奔茶园的深处。问起步行距离，唐旺春头也不回地说："1.5 公里！"闻听这句话，同行的姑娘们脸上流露出轻松的神情。

一路沿着茂林修竹间的道路前行，右手边坡上的茶林中，左手边坡下的茶林里，星散着众多的采茶人。随着古树茶的价值飙升，但凡有较大的古茶树，四周都搭建起了不锈钢脚手架。单株采摘，能够满足对口味有着更高品质需求的人们。脚下的土路，宽可勉强容纳一辆车通行，所以村规民约要求不准开车进入。唐旺春介绍说："本来村里人商量着想要把道路拓宽，后来想想为了保护好环境，就没有修。"不觉间已经走出了2公里有余，脚下的车道消失了，眼前就只有仅可步行的林间小径。继续在密林中前行，直到眼前出现了陡峭的山坡，唐旺春停下脚步，抽出随身携带的砍刀，寻找粗细合适的树枝，为每个人削出了一根拐杖。

行至此处，已经没有回头路，只好鼓起勇气，一只手拄着拐杖，另一只手借力路旁的灌木枝条，沿着陡峭的山坡上若隐若现的小路，深一脚浅一脚地往峡谷深处走去。带路的唐旺春，脚穿人字拖，身背竹篓，浑似闲庭漫步，气定神闲。而我们一行人，则气喘吁吁，胆战心惊，却又在好奇心的驱使下，奋力前行。只有春歌姑娘像只欢快的百灵鸟，紧跟在唐旺春左右，时时回头召唤大家："就快到了！"于是忍不住感叹："这姑娘还真是人如其名啊！感觉就像鸟儿回到了森林里！"大家听了笑作一团。手脚并用的众人，有惊无险地下到了谷底，映入眼帘的就是唐旺春所说的革登山茶王地。虽然这里仅是集体林，却有着不输国有林的优异生态。"我的茶地有林权证的。"唐旺春开心无比地宣称自己的合法权益。

整片茶树王地块，目测面积并不大，却有多棵高杆古茶树。抬头仰望，正对面的一棵高杆茶树上，两个年轻的茶农小伙子正在忙着采摘鲜叶。逆光拍摄下来的照片，像极了剪影。

穿过茶园，边上有两棵高杆古茶树，其中一棵躯干半边都已枯死，长势也不如往年。另一棵高杆古茶树，树干笔直地直插云天，有趣的是主干上一人高的位置长了一个树瘤，其形极似狮面，于是打趣说："你这是狮面茶树王呀！天生自带王者气势！"唐旺春听了哈哈大笑。集体在狮面古茶树王前留下合影之后，眼见天色渐晚，于是催促大家返回。

大家恋恋不舍地告别茶王地，一步一回头地往山坡上爬。唐旺春殿后，背后的竹篓里装满了当天采下的鲜叶。

下山时已经觉得不易，上山时尤其觉得艰难。难怪唐旺春开玩笑说："来茶山头三天觉得在天堂，往后的每一天都觉得在地狱！"确实有几分道理。到了这个时候，已经顾不上形象了，大家手脚并用，努力向上攀爬。边走边相互携手，连拖带拽地爬上山顶。短短的一段距离，却让人觉得无比漫长。

历尽艰难，一行人终于从深深的峡谷中再次爬上山顶，总算是松了一口气。天色渐晚，不敢耽搁过久，催促大家赶紧往回走。再次走回到大路上，

采摘古茶树鲜叶

古茶树上的狮面树瘤

脚步才又变得轻盈一些。同行的张梦姑娘脸庞红扑扑的，自嘲说："这要是有个猴子蹿出来，一准儿会把我当成同类背走！"一行人听了，几乎要笑倒。紧赶慢赶回到了古茶园入口处，一行人几乎都要瘫倒在地上了。于是告别唐旺春，驱车返回牛滚塘大街住宿的宾馆休息。

美好的时光，总是感觉过得太快。亲身经历过的点滴小事，都将成为未来日子里最美的回忆。当我们品味革登古茶的时候，能够真正体味到茶中深沉的韵味！一盏古茶，一段故事，一场人与自然的邂逅，注定将在有生的日子里延续这未尽的缘分！

革登山普洱生茶

革登山普洱生茶汤色

革登山普洱生茶叶底

寻味普洱茶

[茶王篇] 景迈山茶树王寻访记

或许经年之后，当我们回首往事的时候，终将会明了，那些入山寻茶的日子，是我们一生当中所经历过的最美时光。

早上醒来，用过早餐，打点行囊，离开普洱市，驱车前往景迈山。就过往十多年寻茶景迈山的路程而言，这是最为轻松惬意的行程。

从普洱南上磨憨高速，行出数公里之后，右转折向思茅至澜沧的高速，这是一条新近开通的省道高速，就沿途所见可知，收尾工作尚在进行中，时而会遇上车道被占用，单边放行的情况。即使如此，这已经远超预期了，比起往年沿国道翻山越岭前往景迈山的路，足以让人幸福感爆棚。逢山开路，遇水架桥，每过隧道入口处，都有彩绘的图案，各具特色，有些已经完工，有些尚在进行中。只顾着欣赏，居然忘记了手中的相机，并没有将其拍下来，颇有几分遗憾。

行至糯扎渡，前方道路封闭，导航指引我们下高速。就在我们以为又要回到国道上时，导航再次指引我们驶入高速。这一上一下所为何故？也没来得及向高速收费站人员询问原因。反正还可以沿着高速公路行驶，也就不管那么多了。短短两个小时的时间，我们就从普洱市抵达了澜沧县城。眼见已经时近中午，我们在城里搜寻到一家名为伊滇园的清真餐厅吃午饭。所点的菜肴都是些新鲜的时蔬，以及牛干巴、白斩鸡等云南特色菜品。等待的当口，看到邻桌上了一盘菜，从来没有见过，询问店员后得到回复说："那个是洋芋饺子。"这让我们大感新奇，也想要尝一下，可是店员说刚才邻桌点的是最后一份，看来，只有留待以后有机会品尝了。

午饭过后，继续上路奔向景迈山方向。行至惠民乡，先给车加满油，这个是山区行走的最大保障。前车的保险杠松动，担心在山路上颠簸掉下来，于是在街上寻找到修车店，维修的师傅检查了一下，拧上了一个螺丝，收了五块钱，就解决了车辆的问题。

安下心来的我们，继续折向通往景迈山的路。行驶在林荫大道上，车上的人不断地发出由衷的赞叹。路过景迈山的大门，守卫检测了车上人的体温，就挥手放行了。

接下来的路从柏油路面变成了弹石路面，于是我半开玩笑提醒大家："接下来将进入全身按摩模式。"车辆在弹石路面上一路颠簸着飞速向前，能够感觉到浑身上下每一块肉都在抖动。道路两旁色彩鲜艳的三角梅在绿树掩映之下，渲染出浓郁的热带风情。

来到半山所在的观景台，木质建筑经不起风雨侵袭，十多年来，已经重修了好几次。肉眼可见变化更大的是观景台前栽种的果树，已经从小树苗长成了枝繁叶茂的大树，将风景遮去了大半，再不及时修剪，观景台将变身为大树底下好乘凉的所在，想来也还不错。

穿越傣族的景迈村，来到大平掌一带。自从景迈山启动申请世界文化遗产，曾经可以开车穿越大平掌古茶园的道路已经被封闭。当地的茶农尚可以骑着摩托车穿行其中，外来的人员就只能步行前往了。还好这是一条有着迷人景色的步行道，漫步其间，竹篱笆墙将道路与茶园分隔开来，道路两旁栽种了无数花草树木，沿途的空气中弥漫着沁人心脾的香味。循着往日的记忆一直往前走，我们从一个竹篱笆墙的开口处进入古茶园中。眼前一群牛吸引了大家的目光，牛儿似乎是见惯了这场面，或站或卧，并无丝毫的惊慌，瞪大眼睛看着你。你在茶山看风景，牛也在看你，到底是谁装饰了谁的梦？

沿着茶园中的道路往前走，前方就是景迈大平掌茶树王的所在。钢管护栏将其围了起来，大家纷纷上前留影。一位茶农走上前打招呼说："可以爬进去照，不要伤到树就好。"栅栏上悬挂的木牌上，除了标注"茶树王"的字样，还有主家的电话号码。这让人难免有所感慨：曾几何时，景迈山的茶魂树也跟随潮流改称茶树王。电话号码更是显示了商业的触角无处不在。回去的路上，一帮少年手拿水枪，不断偷瞄我们一行。果不其然，一人骑摩托车，一人拿水枪，排成车队，

景迈山大平掌茶树王

从身后呼啸而至，毫无察觉的姑娘们被清水喷洒了一身。眼见得手后，少年们快活地嬉笑着，加大油门，一溜烟儿跑得无影无踪，只留下被泼水祝福的姑娘们先是惊声尖叫，随后又笑作一团。

继续驱车前往芒景村方向。飞奔的车辆，敞开的车窗，吹拂着山风，正自惬意享受的时候，路边上的孩子们瞅准时机，再次用手中的水枪突袭了车上的人。直到这个时候，大家才意识到，我们正好碰上了傣族的泼水节。可是又有谁知道，就在当天晚上，大家又会有什么样的奇遇呢？

车辆到达芒洪停车场，旁边是一座传统干栏式结构、茅草覆顶的布朗族建筑。一群上了年纪的布朗族老人家，身着民族服装，似乎在商议着什么事情。眼见不便打扰，我们调头将车辆开了出来，停放在路边等候。

没过多久，来之前约好的杨嵩先生出现在我们面前。他带领我们开车穿越寨子里的石头路到他家里。天气委实溽热难耐，一行人都来到一楼茶室。屋里凉意习习，抬头一看，原来屋里装了空调，这在十多年来访茶景迈山的印象中可真是头一遭。

在古茶园里悠游过后，每个人都口干舌燥。烧火泡茶，一杯杯茶汤饮下，口腔里先是感受到苦中带涩的滋味，冲泡三道之后，茶汤转向甘美甜润，有馥郁的花蜜香味，唇齿间生津回甘，呈现出最具典型性的景迈茶风韵。询问杨嵩老师得知，果然是来自大平掌一带的古树茶，这可是最受追捧的景迈山古树茶。

杨嵩先生的爱人是地道的景迈山芒景人，早早为大家准备好了晚餐。只有我和马博峰两个单独享用着从山下清真餐厅打包回来的白斩鸡，配上一碗白米饭，也是一种难得的享受。其他人都是尽情地享用着来自主人的盛情款待。

十多年来访茶景迈山，极少在泼水节期间到来，而这次却无意间赶上了。听闻杨嵩先生说：为了申报世界遗产，山上拆了许多人家的房子，原本各家客栈的房间就不多，这下更紧张了，以后怕是只会越来越紧张。杨嵩先生多方联系后，总算找到两家相距不远的客栈，给众人安顿好了住处。放下行李，杨嵩先生带领大家到寨里去四下闲逛。奔波了一天过后，我感觉身体十分疲劳，于是留在客栈房间里休息，不觉间就进入了深沉的梦乡。

将我从梦中惊醒的是窗外锣鼓喧天的节奏和嘹亮的歌声。看一下时间，已经晚上九点半。小睡了一觉之后，整个人恢复了体力。恰好在此时，马博峰打电话过来："赶快过来看看！"急迫的语气中，掩饰不住的惊喜。于是背上相机下楼，穿过黝黑的街道，两旁虫鸣声声，此起彼伏，与不远处的欢歌交融在一起，宛如一场浑然一体的交响音乐会。

来到芒洪寨子里的八角塔，周遭挤满了人。寨子里的男女老少都集中在这里，或投身于舞者的行列，或四下围观。电灯将小小的广场照耀得如同白昼，想必是取代了原本的篝火。

仔细观看，热闹非凡的活动现场貌似忙乱，实则有条不紊。最外围转圈跳舞的是寨子里的年轻女性，她们大多身着民族服装，间或有穿着现代服饰的人加入，那应该是外来的游客。我们一行中的姑娘们也都接受了村民的邀请，加入了舞者的行列。动作虽然简单，但当众人一起舞动起来的时候，却有一种独特的律动之美。外圈舞者中有几位布朗族的年轻姑娘，头上扎着鲜花，身穿统一的民族服装，碎花上衣搭配绿色筒裙，始终置身其中，似是担当着外围领舞的重任。内圈则是看起来上了年纪的女性，服饰搭配也与前者不同。圈子的核心，是一群上了年纪的男性，他们身背或手持各色民族乐器，敲锣打鼓的同时，舞步自如而舒展，宛如山风吹拂中的树枝摇曳生姿，眼神笃定，却难掩倔强脸庞上的依稀落寞之色。内圈里还有一位上了年纪的女性，手持话筒引吭高歌，听不懂歌词，但旋律优美。围绕歌者与乐器演奏者舞动的人群里面，不断有人加入，亦间或有人退至一旁休息。独有一位魁梧的男性舞者引人瞩目，白T恤、牛仔裤、人字拖，他的舞步狂放不羁而又舒展自如，完全沉醉在自己的世界里。在灯光照耀下，他黝黑的脸庞上闪烁着豆大的汗珠。以旁观者所见，这盛大的节庆活动，参与者多是老人、妇孺，却鲜少见到青年男性的身影。难道这巍峨的高山上的布朗族，也有着与他处共同困窘的处境，留得下无尽的乡愁，却留不住年轻人的脚步吗？

　　一曲终了，清水洒落，歌者、舞者四散开来，寨子里的长老们上前念经祈祷。而后，压轴烟火秀出场。粗壮的大竹筒，近乎成人的身高，几位男性趋步上前，固定好大竹筒，点燃烟花后不慌不忙地转身靠边。冲天而起的火光转瞬之间散作满天花雨，燃烧着，穿枝打叶直坠凡尘。

芒景布朗族欢庆泼水节

两位鼓手拍打着腰鼓，倔强的身姿化作剪影般屹立。四个竹筒烟火秀结束，人们四散离去，乐队的演奏者们手舞足蹈，似在欢送人们离去。人散后，一弯新月如钩。只留几个人立在八角塔的附近低语呢喃。烟花如梦似幻，人群散尽，竟比烟花更寂寞。

次日清晨，穿林打叶的声声落雨将人从梦中唤醒。打开窗户，凉意袭来，果然是一雨成秋。

约上杨嵩先生，先把车开到茶祖庙的停车场，然后沿着

芒景布朗族欢庆泼水节

砂石路面步行上山。这条新修的道路只是暂时可通行汽车，要不了多久，就会如同大平掌一样被封闭起来，仅供步行和自行车、摩托车通行。

行至山顶，左拐走向林下的土路，行不多远，就是芒景茶树王的所在，已经接近暮春时节，茶树仅发出极少的芽叶，距正式开采，尚待时日。杨嵩先生说："曾有朋友想要包采这棵茶树王，吃不准产量，最终没敢下手。"

继续往前，径直走到了石板路三岔口，一棵大芒果树处，就是传说中七公主坟的所在，树前栽有贡篮，以示后人不忘对先人的惦念。

沿石阶爬上坡去，左转就到了茶魂台的所在。巾涵走累了，坐在倒伏的一棵树干上歇息，杨嵩先生扬声提示："不要坐，小心有毒蝎子。"惊得巾涵赶紧起身。

沿原路返回三岔口，右转沿石阶下山，走出不远，就回

芒景岩冷山茶树王

到了茶祖庙的停车场。远远听见有乐器演奏，显是有人在唱歌跳舞。走近细看，原来是茶企柏联组团带人上山了，厂家唤来村民唱歌跳舞，一场一两个小时，每人给两百元的酬劳。每人都身着盛装，尽情地载歌载舞。

作别杨嵩先生，我们驱车前往翁基古寨。缅寺正在重新整修，于是大家信步在寨中游走。保存完好的布朗族古建筑群略加改造过后，每家都成了客栈，但大多数人家仅有一两间客房。沿街行走，移步换景，每家每户都修整得别具特色，各种花卉在门前摇曳生姿。

回到停车场，驱车下山，路过景迈大寨，大平掌茶树王岩砍帕的家就在路边，于是顺道去喝杯茶。新春的古树茶，干茶色泽油亮，茶汤清澈，映入满目青山，有着令人心醉的

与景迈大平掌茶树王主人合影

花蜜香味，回甘生津强而有力，充满了山野气韵。

喝茶的光景，屋外突然下起了雨，远山如黛，一片苍茫迷蒙的景象。是该离别的时候了。在这风雨兼程的漫漫茶路上，我们将继续寻求着茶中的真意和生活的意义。

景迈山普洱生茶

景迈山普洱生茶叶底

景迈山普洱生茶汤色